—— 作者 ——

丽贝卡·阿诺德

英国考陶尔德艺术学院服装与纺织品史专业讲师，曾是英国皇家艺术学院设计系研究员以及维多利亚和阿尔伯特博物馆的访问学者。于2006—2007年担任斯德哥尔摩大学时装研究中心客座教授，并在包括纽约时装学院、纽约大学、巴德研究生中心、乔治·华盛顿大学和史密森学会在内的许多学院机构发表过关于时装的国际演讲。

[英国] 丽贝卡·阿诺德 著　朱俊霖 译

牛津通识读本 ·

时装

Fashion

A Very Short Introduction

译林出版社

图书在版编目（CIP）数据

时装 ／（英）丽贝卡·阿诺德（Rebecca Arnold）著；朱俊霖译 . —南京：译林出版社，2023.1
（牛津通识读本）
书名原文：Fashion: A Very Short Introduction
ISBN 978-7-5447-9341-4

Ⅰ.①时… Ⅱ.①丽… ②朱… Ⅲ.①时装 – 研究 – 世界 Ⅳ.①TS941.7-9

中国版本图书馆 CIP 数据核字（2022）第 135519 号

著作权合同登记号　图字：10-2011-272号

时装　[英国] 丽贝卡·阿诺德 ／著　朱俊霖 ／译

责任编辑　　陈　锐
特约编辑　　茅心雨
装帧设计　　孙逸桐
校　　对　　戴小娥
责任印制　　董　虎

原文出版　Oxford University Press, 2009
出版发行　译林出版社
地　　址　南京市湖南路 1 号 A 楼
邮　　箱　yilin@yilin.com
网　　址　www.yilin.com
市场热线　025-86633278
排　　版　南京展望文化发展有限公司
印　　刷　徐州绪权印刷有限公司
开　　本　850 毫米 ×1168 毫米　1/32
印　　张　5.625
插　　页　4
版　　次　2023 年 1 月第 1 版
印　　次　2023 年 1 月第 1 次印刷
书　　号　ISBN 978-7-5447-9341-4
定　　价　59.50 元

序　言

臧迎春

给这本书作序，似乎是一种缘分。

展览"恶毒的缪斯"在伦敦的维多利亚和阿尔伯特博物馆，以"魅影：时装回眸"的主题展出时，我恰在伦敦，这个展览令我沉浸其中，印象深刻。而2004年赴伦敦中央圣马丁艺术设计学院做博士研究之初，我在查令十字街校区旁的书店发现了一本书，并用了整整一个月的时间去读，这本书正是时装史学家、理论家卡罗琳·埃文斯发表于2003年的著作《前卫时装：壮美、现代与死寂》，她对时装及时装史的重要解读对于我后来的研究产生了深刻的影响。

上述展览和著作在丽贝卡·阿诺德《时装》一书的开篇都被重点提及，让我顿生老友重逢的久违之感。

对于时装的认识，至今仍存在很多的偏见。有人认为，时装就是流行的、好看的衣服；有人认为，时装是身份、财富的标志；还有人认为，时装是一种扮装拟态的道具。时装是什么？从概念上讲，它是在一段时间内、在比较广阔的地域范围内，很多人都穿着的流行服装。时装看起来是具有很强的时间性和地域性的，但实际上时装的根来自深厚的历史，而它的触角又不断探向遥远的未来。正如丽贝卡·阿诺德在《时装》一书中所做的较为透彻的阐释："时装总是追赶着最新的潮流，可与此同时它又一刻不停地回首过去。"（引言第4页）

时装之所以备受争议，是因为它本身就是一个矛盾的集合体。既可以是阳春白雪，又可以是下里巴人；既可以全球化，又可以本土化；既可以强调学术性，又可以强调商业性；既可以成为功能性强的装备，又可以成为非功能性的装饰。人们对于时装看不完整，说不清楚，既爱又恨，又难舍难分。

无疑，时装与社会、时代，与文化、科技、经济、政治甚至是军事都密切相连，是多学科交叉的一个复杂系统，要解释清楚谈何容易？每个学者的研究往往都是从某一个角度切入，进而力图阐述整个系统的状态和运作方式。在这本书里，作者从"探寻时装作为一个产业的运作方式，以及它如何连接起更广泛意义上的文化、社会及经济议题"的角度入手，这是一个不错的切入点。文中指出："自1960年代开始时装成为一门可以进行严肃学术讨论的学科，由此促进了对其作为图像、客体及文本的诸多分析。"（引言第7页）其实从那时起，人们就开始以严谨的学术态度从一系列重要角度来审视时装。"时装研究天然的跨学科特性折射出它与历史、社会、政治和经济等诸多背景的紧密关联，也与诸如性别、性向、民族和阶级等更加具体的问题联系密切。"（同上）我们在半个多世纪的研究中可以发现，"时装"是最"瞻前顾后"的学科。它一方面最敏锐地关注并反映着社会发展的前沿动态，另一方面又不断从历史中汲取灵感和丰富的营养。它在思想层面和实践层面上都积累了极其丰厚的成果。诸多设计师也在这一领域进行了积极的探索，并进一步印证了时装的这一特性。

从"款式商人"罗斯·贝尔坦，到可可·香奈儿，再到卡尔·拉格斐，他们都是深谙"创新"与"对于历史与时代热点绝妙借用"的高手。19世纪中叶，沃思等人开始以"时装与服饰设计师"的名头宣传自己，并将自己刊载在当时巴黎黄页中"工业设计师"的目录中，这开启了现代时装设计师的历史。保罗·普瓦雷可以称得上是第一位现代时装设计师，他"汲取了从现代主义到'俄罗斯芭蕾'等各种当代艺术与设计灵感"，其"高级时装形象的格调又通过他自己的香水产品销售传播得更为深远"（第12页）。20世纪二三十年代的维奥内夫人、夏帕瑞丽，四五十年代的迪奥、巴伦西亚加，六十年代的安德莱，七十年代的韦斯特伍德，八十年代的川久保玲、山本耀司等，此后的众多设计师对应不同的时代需求，各显才能，将高级时装"推到了巨大的全球奢侈品市场的首位"。也许很多人无法理解，高级时装本身并不能盈利，为何还有存在的价值？本书做了很好的解答："即便这些孤品式的设计本身并不能创造什么利润，但它们带来的大量关注巩固着处于高级时装产业核心位置的设计师们始终如一的重要性。"（第14页）150多年来，现代时装发展的历史告诉我们，设计师的创新是时装发展的灵魂，它在不断拓展着时装的边界，丰富着时装的内涵。

在本书当中，丽贝卡不仅探讨了时装与设计师的关系，还探讨了时装与个性、传播、艺术、商业、全球化等方面的关系。

时装设计师的创新是围绕个性展开的，因为时装关注的核心是个性。"通常认为时装是从文艺复兴时期兴起的，它是商贸活动、金融行业的发展，人文主义思潮所激发的对个性的关注，以及社会阶级结构转变等多方因素共同作用的结果，其中阶级转变使得人们渴望视觉上的自我展示，并使更多的人群能够实现这一愿望。"（引言第8—9页）其实，这种需求一直存在着，"当城市的巨大发展带来更多的个性泯灭，时装成为能够构建身份，并让社会、文化及经济地位一目了然的重要途径"（第9页）。 从这个意义上讲，时装本身就是一种个性、身份识别的标志。

同时，时装也是一种交流方式。"时装信息通过雕版绘画、行脚商贩、书信往来，还有17世纪末发展起来的时尚杂志得到不断传播，这让时装越来越可视化，人们也越来越渴望时装。"（引言第9页）"时装不只是服饰，也不只是一系列形象。实际上，它是视觉与物质文化的一种生动体现，在社会和文化生活中扮演着重要的角色。"（引言第10页）时尚无边界，"时尚媒体、摄影的发展，以及19世纪末出现的电影，它们使时尚形象得到了空前的广泛传播，且激发了女性对更为丰富多样及更迭迅速的时装款式的欲望"（第9页）。时尚的传播不仅仅是信息的扩散，更重要的是，它成为人与人、人与社会之间的最为直接的交流手段，它对于自身形象和身份的塑造功能，使它成为每个人的社会标签和商业包装。

很多人对时尚嗤之以鼻是因为"时尚固有的短暂易逝而又物质至上的缺陷"。而安迪·沃霍尔意识到,"时尚、艺术、音乐与流行文化之间已经结盟。将先锋流行音乐与基于色彩明艳的金属、塑料以及撞色印花的抛弃型和实验性服装进行融合,不仅表达出这一时代的创造激情,还帮助确立了时尚标准"(第27页)。沃霍尔因此成为将艺术、时尚和商业完美结合的又一个典范。

我颇为认同"有时人们将时装与艺术相提并论,以赋予它更高的可信度、深度以及意图。不过,比起对时装真实意义的揭示,这种做法也许更多地暴露了西方世界对于时装缺乏这些特质的担忧"(第30页)。实际上,"它并不需要被冠以艺术之名来佐证其地位",它本身的价值绝非艺术所能替代。我更加认可俄国构成主义派设计师瓦瓦拉·史蒂潘诺娃的观点:"认为时装将会被淘汰或者认为它是一种可有可无的经济附属品其实大错特错。时装以一种人们完全可以理解的方式,呈现出主导某个特定时期的一套复杂的线条与形式——这就是整个时代的外部属性。"(第41—42页)可惜的是,许多人因为不能解读或者无从解读,从而无法深入理解时装,并且因为无知而轻视时装。

"作为视觉文化的两个重要组成部分,时装与艺术始终表达着并且不断构建起诸如身体、美还有身份等各类观念。"(第46页)"理解时装应当以它自己的语境为基础,这使得时装与艺术、文化其他方面的相互交织更加妙趣横生。它为艺术、设计以及商业在一些时装实践者的作品中发生联系、交织重叠开辟了新的路径。的确，时装能够如此令人着迷而又令某些人感觉难以捉摸的一个重要原因就是，时装总是能侵吞、重组并挑战种种既有定义的边界。"（第31页）时装的这一特点为当代视觉文化提供了无限可能，也成为当代视觉艺术的试验场。

作为与商业的重要关联，本书多次提到成衣的发展。"1966年，伊夫·圣罗兰的'塞纳左岸'（Rive Gauche）精品店开业，以长裤套装与色彩灵动的分体款时装来响应流行文化并认同女性社会角色的转变。"（第15页）20世纪是个时装业高速发展的时期，1960年代"一般被视为大规模生产、年轻化的成衣开始以前所未有的姿态引领时尚的关键节点。美国的邦妮·卡欣等设计师，英国的玛丽·奎恩特等人，还有意大利包括璞琪在内的设计师们当时都在市场的各个层次里确立着自己的时尚影响力，塑造了时装设计、销售以及穿着的新范式"（第15页）。1980年代"安特卫普与东京展示了各自培养出众设计师的实力，一批设计师开始成名，其中就有比利时的安·迪穆拉米斯特和德赖斯·范诺顿，以及日本籍的Comme des Garçons品牌设计师川久保玲和山本耀司。到了21世纪初期，中国和印度也像其他国家一样，开始投资自己的时装产业，并培养自己的季节性时装秀"（第17页）。

在丽贝卡的描述中，一切似乎顺理成章。但在中国，现代时装的发展之路却格外不寻常。

20世纪初，西风东渐，以上海为代表的一些城市的时装逐渐吸取西方服饰所特有的"构筑性"造型方式，在裁剪上产生显著变化。中国的时装开始从"直线裁剪"向"曲线裁剪"转变，其几千年的"宽衣文化体系"受到"窄衣文化体系"的强烈冲击。这是东西方哲学、美学体系的一次剧烈的碰撞与交锋，而交锋的地域就是中国。

1920年代以后，西方时尚体系的影响在中国得到进一步深化，即使是在战争时期，这种影响也并没有完全中断。改良式旗袍、中山装、学生装、布拉吉等都是这一时期的代表性时装。20世纪中期以后，直到改革开放以前，中国的服装已经在主体上转变为深受西方影响的"窄衣"——分部件曲线裁剪，再组装在一起的适体服装，不再是传统美学思想下的，整体的、直线裁剪的、并不完全适体的"宽衣"。1970年代末的改革开放，让中国成为全球时尚产业中的重要一环，经过40年的发展，中国的时装在很多一线城市已经与国际同步。我们在看到香奈儿、迪奥、阿玛尼等一线品牌出现在北上广深等一线大城市的同时，也可以看到ZARA、优衣库、H&M等快时尚品牌充斥在各个城市的核心街区和重要商业网络平台上。

本书提到，达娜·托马斯在《奢华：奢侈品为何黯然失色》一书中引述了福特的评论："本世纪属于新兴市场……我们（的事业）在西方已经到头了——我们的时代来过了也结束了。现在一切都关乎中国、印度和俄罗斯。这将是那些历史上崇尚奢华却很久没有过这种体验的众多文化重新觉醒的开始。"（第87页）一方面，我们看到20世纪末以来，中国市场确实出现过追逐名牌，追求奢侈的潮流；而另一方面，我们也清楚地意识到，当今时代基于可持续发展的要求，设计道德和设计责任被提到越来越重要的地位。极简主义的生活方式呈现越来越强劲的势头。在21世纪，中国时装以一种更加混杂、多元化的状态存在。这与多元化的生活方式，社交平台、网络等多种传播方式，线上、线下等多种营销方式，以及后工业时代、工业时代和前工业时代等不同地域的发展不平衡都有密切关联，是其他国家在时装发展过程中都没有遇到过的复杂状态。

有一些学者认为"时装终结了"。本书认为："社会、文化以及政治生活方式与态度的这些不同方面，逐渐与时装的诞生、传播以及越来越全球化的特性联系在一起。时装因而并未终结，但它确实发生了变化，并且极有可能处在另一次深刻变革的边缘。随着非西方时装体系暗自发展壮大，经济衰退又席卷而来，时装主力很可能会转向东方。"（第135页）但笔者认为，时装中心的转移并不简单，除了经济、文化、政治等诸多因素以外，国际时装产业在世界范围内的上下游关系，或者说是现有的时装体系，在短期内是很难打破的。重建国际时装体系需要时间，更需要明确的思路。因此对于中国来讲，对于时装全面的认识很重要，充裕的资金很重要，产业基础很重要，成熟的传播与宽松的市场环境很重要，但重中之重，人才培养是关键。

值得一提的是，中国的时装设计教育是与改革开放同步的。1980年中央工艺美术学院（1999年并入清华大学）设立了服装设计专业，经过近40年的发展，逐渐建立了系统的服装设计教育体系。其毕业生遍及全国，逐渐在国际上形成越来越大的影响力。国内其他院校也纷纷设立服装与服饰设计或服装工程专业，从不同层面培养了大量人才。与此同时，又有大批学生留学国外，在不同文化和教学体系下学习，融合东西方的文化，了解全球化市场下国际时装体系的运作方式，这都为中国时装的发展奠定了基础。

但是，优秀时装设计师在中国的发展也还面临着许多困难，这与其他国家的情形相似。"如果设计师在职业生涯之初就过快地斩获盛名，而此时的他们还没有找到有力的资金支持，不具备与订单需求相匹配的生产能力，他们的事业便难以成长。尽管如此，媒体报道仍然被认为对于树立品牌，并最终找到来源可靠的资金投资至关重要。"（第58页）因此，时装设计师的孵化器、成熟的时尚评论对于中国设计师的成长具有重要意义，它需要来自政府、产业、媒体和院校的综合支持。

"时装"是个难以讲述的话题，而丽贝卡·阿诺德的《时装》一书不仅系统、深刻地阐述了一百多年来欧洲时装形成的体系、发展的脉络，探讨了时装与艺术、商业之间的复杂关系，而且也洞悉了时装在当代所面临的全球化问题、道德问题和可持续发展问题，其思想敏锐透彻，文字鞭辟入里，是值得一读的好书。

丽贝卡在文中指出："时装业包含了一系列相互交融的产业领域，这个领域的一端聚焦生产制造，另一端关注最新潮流的推进与传播。"（第49页）时装从来都在"路上"，一直在不断变革。

近些年来"可持续发展"成为时装领域越来越重要的主题:"旨在管制服装并创造出不伤害动物、人和环境的服装的推动力在20世纪晚期和21世纪初的形式开始逐渐进入主流观念,同时也融入商业时装之中。"(第105页)而想要实现让时装更符合道德准则的目标,"只有靠大规模重组社会与文化价值观,并变革全球化产业模式"才能够实现。由此看来,时装领域的变革在即,时装之路任重道远。

在全球化过程中,时装的同质化问题令人担忧。而"塞内加尔现象"具有积极意义。首都达喀尔的设计师"创造出以当下流行的本土风格、传统染色及装饰元素、国际名流,还有法国高级时装为灵感的服装。全球化的贸易网络使得塞内加尔商人能够订购北欧的纺织品设计,收购尼日利亚的织物,然后在欧洲、美洲和中东开展贸易活动。整个国家的时装体系因而整合了本土与全球的潮流,创造出最终到达消费者手里的时装。它很快成为全球化时装产业的一部分,但同时又保留着自身的商业模式与审美品位。达喀尔这座充满活力的时尚都会是21世纪各国时装产业能够共存、共生的典范"(第126页)。这样一种模式为不同地域既保持本土文化特色,又有效利用全球化系统提供了丰富资源,同时为丰富发展多样化的时装系统做出了积极探索。

21世纪,新技术、新材料不断涌现,大批时装专业人才得到系统培养,中国等发展中国家的财富与工业生产能力不断提升,时尚潮流与生活方式通过互联网等新的媒介和平台快速、大面积传播,越来越多的人开始质疑原有的、已经固化的时装产业系统,期待建立一个更加符合可持续发展的、更好地服务于美好生活的新时装体系。中国作为具有深厚文化艺术底蕴、多种多样手工艺传统的国家，加之全球最活跃的新兴经济市场和大批设计、产业人才的助力，必将成为国际时装体系转型发展的重要力量。

2019年7月写于清华园

献给阿德里安

目　录

致　谢

　　在这里我想要感谢安德烈娅·基根,她是牛津大学出版社负责此书的编辑,感谢她对于这本书全力的支持与始终的鼓励。我还要感谢伦敦皇家艺术学院设计史系的所有同人与同学们。卡罗琳·埃文斯提出的精彩建议,夏洛特·阿什比与比阿特丽斯·贝伦对书稿所做的细致点评,都使我感激不尽。感谢艾利森·托普利斯、朱迪思·克拉克还有伊丽莎白·柯里给这本书的有益建言。最后,衷心地感谢我的家人,感谢阿德里安·加维所付出的一切。

引 言

　　"恶毒的缪斯"（*Malign Muses*）是朱迪思·克拉克2005年在安特卫普时尚博物馆策划的一场开创性大展，展览集合了最新款时装与古董服装，并将它们分列于一系列令人叹为观止的布景之中。布景设计看上去与19世纪的露天市场类似，简洁单调的木质结构组成了可以转动的展架，鲁本·托莱多创作的大型黑白调时装绘画作品更为展览增添了一丝略带魔幻又戏剧化的感觉。这次展览重点呈现了时装的令人兴奋之处与壮观场面。约翰·加利亚诺和亚历山大·麦昆复杂精妙的时装设计，与两次世界大战之间的高级定制时装杂陈一堂，其中就有艾尔莎·夏帕瑞丽著名的"骨骼裙"，这袭黑色的紧身裙上装饰着突起的骨骼结构。一条造型夸张的1950年代克里斯汀·迪奥晚礼服，丝绸用料极具质感，上身是有型的胸衣，下身是拖曳的长裙，腰身之后打上了蝴蝶结；与它陈列在一起展示的，是一件19世纪晚期印度生产的精致白色棉布夏装，装饰有印度传统的链式针法刺绣纹样。比利时设计师德赖斯·范诺顿于1990年代末制作的宝石色印花与光洁的亮片设计立在一套色彩艳丽的克里斯汀·拉克鲁瓦1980年代套装旁边。各式服装复杂精美的组合在克拉克设计巧妙的布景烘

图1　2005年由朱迪思·克拉克设计、策展的安特卫普时尚博物馆"恶毒的缪斯"展览一角

托之下使人一目了然，她的排布方式集中于时装对历史进行借鉴与参考的种种丰富多变的形式之上。这场展览的戏剧式场景吸收了18世纪的即兴喜剧和假面舞会元素，也直接借鉴了当代时装设计师在他们每一季时装秀场中对戏剧感与视觉冲击力的运用。

　　"恶毒的缪斯"后来移师伦敦的维多利亚和阿尔伯特博物馆，在那里被重新命名为"魅影：时装回眸"（*Spectres: When Fashion Turns Back*）。这个新名字传达出了时装最为核心的一个矛盾：时装总是追赶着最新的潮流，可与此同时它又一刻不停地回首过去。克拉克极为有效地呈现了这一核心的对立，鼓励参观者思考时装丰富的历史，同时把它与时装的最新议题联系起来。通过把时代不同，但技法、设计或是主题相似的服饰并列陈设，克拉克实现了这一效果。展览的成功也要归功于克拉克与时装史学家、理论家卡罗琳·埃文斯的密切合作。通过借用埃文斯在她2003年的著作《前卫时装：壮美、现代与死寂》（*Fashion at the Edge: Spectacle, Modernity and Deathliness*）中对时装及时装史的重要解读，克拉克揭示了时装背后鲜为人知的推动力量。埃文斯向世人清楚展示了旧时代是如何一直影响着时装的，正如它在始终影响着更广泛意义上的文化一样。对过去的借鉴可以增加新式夸张设计的可接受度，并且将其与曾经备受崇敬的典范联系在一起。这在展览中格雷夫人（Mme Grès）裙装设计的纤巧褶裥上就能看出来，它正是以经典的古代服饰为灵感来源的。时装始终追求着年轻和新鲜，它甚至可以表达人类对死亡的恐惧，荷兰的维果罗夫品牌（Viktor and Rolf）就用全黑的哥特风格礼服清晰地传递着这些信息。

　　参观者们因此不仅可以看到时装在视觉与材料层面对其历史的运用，又能够通过一系列滑稽的表演片段，得以探究服装更深层的意义。作为对展览"露天集市"主题的延续，一系列构思巧妙的视觉错觉借用镜子迷惑着参观者的双眼。展览中的裙装看上去一会儿出现一会儿又消失，它们要从小孔中窥视，或被放大或被缩小。于是，参观者们不得不全神贯注地观察他们眼中的一切，又不断怀疑自己对眼中事物的判断。

　　展览引发了参观者对时装含义的思考。时装与服装形成了鲜明比照，后者通常被人们视为一种更加常态化、功能性的衣着形式，其改变是非常缓慢的，而时装则立足于新奇与变化。它那周期性逐季改变款式的特性在托莱多的圆形绘画作品中得到了体现，画中呈现了一个永不停歇的时装剪影环，每个剪影都与下一个不同。时装也常常被人们认为是一种加之于服装的"价值"，让消费者们渴望拥有它们。展览华美而戏剧化的布景反映了时装秀、广告以及时装大片通过展示理想化的服装形态来诱惑、吸引消费者的各种手段。同样地，时装也可以被看作是同质化的一种形式，它煽动所有人都以某种特定方式穿着打扮，可是与此同时，它又追求个性与自我表达。20世纪中叶高级定制时装在时装业的独断专行，以迪奥的时装为例，与1990年代时装的丰富多样形成对比，从而强调了这种矛盾。

这种矛盾引导着参观者去理解可以在任何时代存在的各种类型的时装。甚至在迪奥的全盛时期，仍然有不同的时尚服饰选择，不管是加利福尼亚设计师们简洁的成衣风格，还是"不良少年"（Teddy boys）的反叛时装。时装可以生发于不同的源头，可以经设计师和杂志之手打造出来，也可以在街头环境中有机地演化。因此，"恶毒的缪斯"展览本身也成了时装史上一个意义非凡的节点。它把旧时代与新时代时装中看似毫不相干的元素统一到了一起，通过感官的布展方式呈现，令观众倍感愉悦又沉迷其间，但又引导他们明白时装的意义远超其表象。

正如展览所揭示的，时装总是建立在矛盾之上。对某些人来说，它们是曲高和寡的精英，是高级定制工艺与高端零售商的奢华天地。对另一些人而言，它们则不断更新，随手可抛，在随便一条高街都能买到。伴随新兴"时装都会"的逐年发展，时装越来越全球化，同时它又可以非常本土化，形成某个小群体专属的小规模时装风格。它可以纳入专业的学术著作或是闻名的博物馆，也可以出现在电视上的形象改造节目与专题网站里。正是时装的这种模棱两可之处让它如此令人着迷，当然也引得人们冷眼相待，嗤之以鼻。

时尚风潮（fashions）可以诞生在各个领域，从学术理论到家具设计甚至是舞蹈风格。不过，就一般意义而言，特别是在这个词以单数形式出现时，它指的是穿衣的时尚。在这本《时装》里，我将探寻时装作为一个产业的运作方式，以及它如何连接起更广泛意义上的文化、社会及经济议题。自1960年代开始，时装成为一门可以进行严肃学术讨论的学科，由此促进了对其作为图像、客体及文本的诸多分析。从那时起，人们就从一系列重要角度来审视时装。时装研究天然的跨学科特性折射出它与历史、社会、政治和经济等诸多背景的紧密关联，也与诸如性别、性向、民族和阶级等更加具体的问题联系密切。

罗兰·巴特在其符号学著作《流行体系》（1967）与《时尚语言》中从意象与文本的相互作用出发，对时装进行研究，后者辑录了他1956年至1967年间的文章。从1970年代开始，文化研究成为探求时装与身份的新平台：例如，迪克·赫伯迪格在1979年的文本《亚文化：风格的意义》中，说明了街头时装是如何在青年文化的影响下演化的。1985年，伊丽莎白·威尔逊所著的《梦中装束：时尚与现代性》一书从女性视角对时装在文化和社会上的重要性下了一个重要的断言。艺术史一直以来都是一种重要的方法，它能够细致地分析时装与视觉文化相互交织的不同形式，安妮·霍兰德与艾琳·里贝罗进行的研究就是个很好的例子。珍妮特·阿诺德等人采用了一种基于博物馆研究的方法，她通过观察博物馆收藏的时装，细致地研究了服装的剪裁与结构。多样化的历史研究法对研究时装产业的本质及其与特定背景议题的关系十分重要。这一领域里有贝弗利·勒米尔基于商业角度的研究，也包括我本人的研究，还有克里斯托弗·布鲁沃德与文化史相关的研究。自1990年代以来，社会科学界的学者们开始对时装产生极大兴趣：丹尼尔·米勒和乔安妮·恩特威斯尔两人的研究成果就是这股研究趋势中非常重要的代表。卡罗琳·埃文斯令人印象深刻的跨学科研究交叉借鉴了各家之法，成果卓著。专业院校里的时装研究同样异彩纷呈。艺术院校极为重视时装研究，将其作为设计专业课程中的学术培养内容，但它已经扩展到从艺术史到人类学等院系之中，同时也成为本科与研究生阶段的专修课程。

学术界对时装的兴趣一路延伸到了收藏有重要时装藏品的众多博物馆中，包括悉尼动力博物馆、纽约大都会艺术博物馆服饰馆以及京都博物馆等。策展人对时装的研究催生了大量的重量级展览，数目巨大的观展人群充分说明了人们对时装的普遍关注。特别是，展览在策展人的专业知识与当前的学术观点之间，在时装的核心即展出的服饰本身与帮助创造我们心中时装概念的种种图像之间，建立了清晰易懂的联系。

自文艺复兴以降，至今已发展出一个庞大的、国际化的时装产业。通常认为时装是从文艺复兴时期兴起的，它是商贸活动、金融行业的发展，人文主义思潮所激发的对个性的关注，以及社会阶级结构转变等多方因素共同作用的结果，其中阶级转变使得人们渴望视觉上的自我展示，并使更多的人群能够实现这一愿望。时装信息通过雕版绘画、行脚商贩、书信往来，还有17世纪末发展起来的时尚杂志得到不断传播，这让时装越来越可视化，人们也越来越渴望时装。随着时装体系的发展，它逐渐吸纳了学徒制和后来的院校课程，以此培育新的设计师与工匠，此外还有手工以及后来工厂化的纺织品与时装生产、零售行业，以及从广告到造型和时装秀制作等丰富多样的营销产业。时装的发展从18世纪晚期开始加快了脚步，等到工业革命正值顶峰的19世纪后半叶，时装已经涵盖了许多不同类型的流行风格。这一时期，为不同客户单独量体裁衣的高级时装作为一种精英化的时装形式在法国逐渐形成。将设计师的想法明确化的高级时装师们不只是这些手工服饰的创造者，更是不同时代时尚理念的制造者。早期重要的高级时装师，比如露西尔，将自己精心设计的时装用专业的模特展示出来，探索了借助时装秀为自己的店带来更多知名度的可行性。露西尔也看到了另一股重要的时装趋势，即不断增长的成衣贸易，它能够快速且轻松地生产大量服装，并将它们推向更广泛的受众。露西尔造访了美国，在那里销售自己的设计，甚至撰写了流行时装专栏，这些都突显了高级时装风格与流行成品服装的发展之间千丝万缕的关联。尽管巴黎主宰着高级时装的种种典范，但世界各地的城市仍打造着自己的设计师与时装风格。到20世纪晚期，时装真正地全球化起来，出现了像埃斯普利特（Esprit）和博柏利（Burberry）这样的品牌巨头，产品销售遍布全球，发源于西方世界之外的时装也得到了更多的认可。

    时装不只是服饰，也不只是一系列形象。实际上，它是视觉与物质文化的一种生动体现，在社会和文化生活中扮演着重要的角色。它是一股庞大的经济驱动力，位列发展中国家前十大产业之一。它塑造着我们的身体，塑造着我们审视别人身体的方式。它能够让我们以创作自由恣意表达另类的身份，也可以支配人们对美丽和可接受的定义。它提出了重要的伦理与道德质疑，联结起殿堂艺术与流行文化。虽然这本《时装》主要关注主导时装设计领域的女装，它仍分析了许多重要的男装案例。它将聚焦时装发展后期的几个阶段，同时也会回溯19世纪之前的重要先驱，以此展现时装是如何演化至今的。书中将会探讨主导时装产业的西方时装，但同样会对这种支配地位进行质疑，并展示其他时装体系是如何发展并与西方时装交叠的。我还将向读者们介绍那些与时装产业相互连接的领域，呈现时装是如何被设计、制造以及销售的，并剖析时装与我们的社会文化生活之间重要的联系方式。

第一章

设计师

    香奈儿2008春夏高级定制时装秀上，一件巨大的品牌标志性开襟毛呢外套模型矗立在秀场中心的旋转平台之上。这件纪念碑似的"外套"以木头制成，配以水泥灰色调的喷涂，在模特们身后高耸着。模特们从"外套"前襟敞开的部分鱼贯而出，昂首阔步地在一众时尚媒体、买手和各界名流前走过，来到品牌的交扣双"C"标志前停步亮相，而后消失在可可·香奈儿留下的这个符号性标志之中。模特们身着的服装色调简洁，再一次反映出品牌的传统：生动的黑白二色搭配鸽子灰与极浅的粉色。这一系列的服装自品牌的斜纹软呢开襟外套衍生出来，整个香奈儿始终在真正意义或隐喻意义上被这款设计影响着。而这次品牌以当代手法重新打造了这一经典款式，使它显得轻盈而有女人味，褶边处分离出一簇簇叶片装饰，或是在修身剪裁上遍布亮片，下身着略有曲线的半身裙，其精致廓形源自海贝的天然形态。秀场的布置与展示的服装都是品牌渊源的缩影，体现在它们将可可·香奈儿酷爱的优雅的半裙套装、闪亮的人造珠饰以及层叠的晚礼服所进行的组合之上，同时又融合了品牌目前的设计师卡尔·拉格斐对当代的敏锐见解。

图2　卡尔·拉格斐设计的2008版经典香奈儿套装

香奈儿发展成为20世纪最为知名和最具影响力的高级时装店之一，突显了成功时装设计的许多关键元素，显示了设计、文化、商业与至关重要的个性这四者间的相互关系。可可·香奈儿作为社会和时尚版面的显赫人物在1910年代到1920年代间的崛起，从夜场歌手到高级时装师的神话般的发迹，还有关于她众多情人的绯闻，这些都为她那简洁现代的设计风格赋予了一种刺激且神秘的气息。她的设计本身就耐人寻味，体现了对线条明快而层次简单的日装，以及更女性化且戏剧化的晚装的当代时装追求。她认为女性应该穿着简洁，要像她们身着小黑裙的女仆们一般，当然，克洛德·巴扬引用香奈儿的这句话是想提醒女性"简单不代表贫穷"。她钟情于混搭天然与人造珠宝，不断借鉴男性着装，这令她蜚声国际。可可·香奈儿的传记为她带来了公众的注意与好奇心，这对于提高她的时装店的知名度是极为必要的，也让她作为一名设计师和风云人物而引人注目。尤为重要的是，她对品牌进行多元经营，发展出配饰、珠宝以及香水等品类，同时还将自己的设计销售给美国买手，这把她的时尚精髓扩展到了高级时装消费人群之外的一个空前广阔的市场，确保了她在经济上的成功。

1980年代，时装评论家欧内斯廷·卡特总结了香奈儿的成功，认为其建立在"个人魅力的魔法"之上。与可可·香奈儿毋庸置疑的设计与造型能力同样重要的，是她对于理想化自我形象的营销能力，以及能够代表自己无可挑剔的顾客形象的能力，这使得她的品牌如此富有吸引力。香奈儿设计了自己的形象，而后将这一形象兜售给整个世界。许多后来者跟随了她的脚步：从1980年代开始，美国设计师唐娜·凯伦成功地为自己打造出一个不断奋斗的母亲与女商人形象，专为那些像她一样的女性设计服装。与她相反，多纳泰拉·范思哲则始终脚踩高跟鞋、身着极富魅力的紧身服装出现在镜头前，她富豪般的生活方式同样反映在范思哲（Versace）品牌那些珠光宝气的奢华时装中。

香奈儿现任设计师卡尔·拉格斐代表了这一命题下另一种不同的表现形式，比起呈现他的消费者们的生活方式，他的个人风格彰显了他作为造诣极深的美学大师的地位。如果说香奈儿是她的追随者们的时尚偶像，代表了一种20世纪初期时髦优雅、流线型灵动女性特质的现代主义理念，那么拉格斐则是为现如今的时代重新建构起来的一个帝王般的时髦标杆。他的个人风格中的关键元素在他于香奈儿麾下工作期间始终如一：深色套装，长发梳向脑后扎起马尾，偶尔会上粉涂成白色。再加上他不时喜欢拿在手里不断扇动的黑色折扇，他的形象令人不禁想起古代的法兰西君王。这些都彰显了高级时装的精英地位，以及香奈儿风格的延续统一，而他不断投身各种各样的艺术及流行文化事业又维持了他走在时尚前沿的公众形象。

香奈儿于1971年辞世，品牌的金字招牌也随之而去，其销售业绩与时尚公信力均开始衰减。在拉格斐的双手操持下，香奈儿品牌得以重振。自1983年加入品牌以后，他为品牌设计了高级时装系列、成衣系列以及配饰产品，较好地平衡了对于品牌特色同一性的需求，以及同等重要的能够反映并预见女性穿着想法的愿望。拉格斐在自由职业阶段为包括蔻依（Chloé）、芬迪（Fendi）等不同成衣品牌工作的丰富经验，充分证明了他的设计实力以及能够创造出足以掀起新潮流、同时修饰美化女性身形的服装这一至关重要的能力。他通过融合经典与流行文化元素来维持香奈儿的影响力，并重振其时尚地位。他的2008春夏高定系列充分体现了这一点，也显示了他的商业头脑。尽管他的年龄在不断增加，品牌的忠实顾客们脑中想起的又始终是他基于经典开襟毛呢外套的各种改良造型，但这一系列的色调是年轻的，灰暗的颜色会配上充满少女感的荷叶边和轻柔织物配饰进行中和。拉格斐因而着眼未来以保香奈儿屹立不倒，并始终鼓动着新的年轻顾客穿上这一标杆品牌。

高级时装设计师的演化

回顾过去的历史，绝大多数服装是家庭自制的，或者是从几间铺子买来织物或辅料后再由本地裁缝和制衣师制作。到了17世纪末，一些裁缝，尤其在伦敦萨维尔街一带，开始以技艺最为纯熟、款式最为时髦而闻名，人们会从其他国家赶来在亨利·普尔等比较知名的几家定做西装。尽管某些裁缝公司确实在特定时期代表着时髦的风格，但男装设计师们在20世纪下半叶之前始终未能企及与其同业的女装设计师们的地位与名望。"裁缝"这个字眼意味着协同操作，不管是参与西服制作不同环节的各个工匠之间，还是与顾客就面料、风格及剪裁方案选择所进行的深入讨论。与此相反，到了18世纪晚期，女性时装的开拓者们则开始衍化出自己个性化的气质。这反映了女装中的创意与奇想有着更宽广的空间，它还取决于贵族阶层时尚引领者们与她们的制衣人之间逐渐形成的不同关系。尽管哪怕最知名的裁缝师也要与他的顾客非常紧密地就服装风格进行沟通，女装制衣师们却开始强力推出自己的风格。

尽管时装就参与其制作的人数而言一直保持着基本的协同工作流程，但它开始与个人的设计实力和时尚洞察力密切关联起来。这一转变的早期著名典型要数罗斯·贝尔坦了，在18世纪晚期她为路易十六王后玛丽·安托瓦内特以及众多的欧洲、俄国贵族创作服装与配饰。她被称为"款式商人"（*marchandes des modes*），意为她常给礼服加上不同的装饰。不过，"款式商人"这一角色开始转变，部分原因在于贝尔坦在打造时尚造型方面拥有强大的实力。她从当时的重大事件中汲取灵感，比如，她精心制作了一件融合了热气球元素的头饰，以此向孟高尔费兄弟1780年代的热气球飞行致敬。她靠这些金点子为自己带来知名度，虽然同期的埃洛弗夫人与穆亚尔德夫人这些"款式商人"名气也很大，但当时巴黎时装鼎盛之势的最佳诠释者始终是贝尔坦。

1776年，法国以新型公司体制替代了原来的行会制度，提升了"款式商人"的地位，允许她们制造服饰，而不再只是装饰点缀。贝尔坦成了这一公司的首位"大师"，这大大增强了她在时装领域的声望。她为"大潘多拉"制衣，给这具人偶穿上最新款的时装，然后送往欧洲各地市镇和美洲殖民地进行展示。这是在定期出版的时装杂志出现之前进行时装宣传的一种主要方式。通过这种方式，贝尔坦助推了巴黎时装的传播，确定了它在女装界的主导地位。她发展出的广泛客户群以及她跟法兰西王后间的密切关系都确保了她在时装界的地位。有一点值得注意，当时的评论家们惊恐地发现，从贝尔坦的言行举止来看，好像她与她的贵族客户地位相等一般。她的阶层跃升也完成了一次重要的变革，为更多设计师掌握话语权提供了平台。她很清楚自己的影响力，也笃信自己作品的重要性，她在创造时尚，也在为自己的顾客们打造时尚形象，后者将自己的时尚引领者地位托付给了贝尔坦。的确，她位于巴黎的精品店"大人物"（the Grand Mogul）大获成功，然后又在伦敦开了分店。她革新的风格搭配以及对于历史与时代热点的绝妙借用充分显示了她的设计实力，同时也说明她对于打造宣传攻势的重要性早已了然于胸。她因而成为高级时装设计师的先驱，她们将在19世纪的时尚主导群体中获得一席之地。

法国大革命短暂中断了巴黎时装的相关资讯往全球各地的传播。不过，革命甫一结束，法国的奢侈品贸易便迅速重建起来，而各家制衣师都开始力证自己的服装才最为时髦。路易·伊波利特·勒罗伊一手打造了约瑟芬皇后和其他拿破仑宫廷女性，以及一大批欧洲贵族的时装风格。1830年代，维多琳等人开始声名鹊起，其地位远在那些默默无闻的制衣师阶层之上。勒罗伊和维多琳，一如在她们之前的贝尔坦，都致力于创造新款设计，开创新的时装风潮，并不断巩固自己的杰出地位，同时帮她们那些有头有脸的老顾客维持显赫声名。但是，绝大多数制衣师，甚至是那些不乏贵族顾客的人，都没能实现设计原创。实际上，她们只对既有款式进行重新组合排列，以适应不同的顾客穿着。各种款式则从最知名的制衣字号那里或者从时装图样上抄袭而来。

不过，除了出现行业领先的女装制衣师之外，时装产业还有另外一面对时装设计师这一概念的演变产生了影响。艺术史学家弗朗索瓦丝·泰尔塔·维蒂有过记述，一些艺术家的工作方式类似于今天的自由职业设计师，因为制衣师们会向这些艺术家购买非常详细的时装图样。这些图样将会作为服饰的模板被使用，甚至可能被当作样品直接送到顾客手中。各家制衣师的广告也会附在这些插画的背面，同时标出画中服装的价位。到了19世纪中叶，查尔斯·皮拉特等艺术家开始以"时装与服饰设计师"宣传自己，刊载在当时的巴黎黄页中的"工业设计师"目录中。

整个西方世界也开始形成这个观念，认为服装需要由时装的权威人士来设计，运用特定的技法来明确廓形、剪裁以及装饰。每个市镇都可能有自己最时尚的制衣师，当时装开始随着大众对新款式的渴望而越来越快地变化时，时装设计本身的商业价值也在同步增加。时装设计师这一概念的最终明确不单需要随时可以推出新时装的富有创造力的个人，还要依靠人们对新鲜感与革新不断增长的需求。19世纪见证了中产阶级和富有实业家们的崛起，他们刚刚建立的地位在一定程度上是通过视觉展示来构建的，不管是他们的居所，还是更为重要的——他们身上的服饰。高级定制时装开始成为更大的女性群体获得专属与奢华体验的一种渠道，其中美国人在19世纪下半叶成为这个群体中最大的客户群。

在这些变化之外，还有时尚媒体、摄影的发展，以及19世纪末出现的电影，它们使时尚形象得到了空前的广泛传播，且激发了女性对更为丰富多样及更迭迅速的时装款式的欲望。当城市的巨大发展带来更多的个性泯灭，时装成为能够构建身份，并让社会、文化及经济地位一目了然的重要途径。它同时也是愉悦与感官体验的来源，而巴黎的高级定制时装就是这一幻梦与奢靡王国的顶峰。

当"工业设计师"为规模较大的女装制作行业提供着时装设计的时候，高级时装设计师的演化最终构建起时装设计师的定位与形象。尽管1850年代最为著名的高级时装设计师查尔斯·弗雷德里克·沃思的成功一方面是依靠他扎实的生意经营，但在其商业努力之外人们看到的更多是他在创新设计中的精彩表达，还有他作为创意艺术家的权威身份，人们选择无条件地追随他的时尚宣言。作为一个在百货公司女装制衣部打磨技艺出身的英国男人，他在自己的职业生涯之初得以出众，一定程度上归因于他是一个从事由女性主导的职业的男性。其实，在1863年2月的《全年》(*All the Year Round*)杂志里，查尔斯·狄更斯就表达过对"嘴上带毛的女帽师"这一现象的厌恶。身为男人，沃思能够以不适用于女性的方式来宣传自己，他也能另辟蹊径地接待他的女性顾客，不考虑她们的身份阶层。他最知名的设计中加入了象牙色薄纱制作的泡泡纱，让人穿起来犹如云绕肩头，各层之间的珠饰与亮片在烛火辉煌的宴会厅中折射出熠熠动人的光辉。

其他高级时装设计师的名望也在不断增强，通常还因他们的皇家客户而日渐声名显著。在英国，约翰·雷德芬针对这一时期女性的角色转变，制作了以男士西装为设计基础的高级定制礼服，还为帆船运动制作了运动套装。在法国，让娜·帕坎等女性高级时装设计师制作出能够修饰女性身体的服装，完美体现了理想中巴黎女人的形象。许多顾客来自美国，因为巴黎依旧引领着时尚。一方面为了提升设计师的地位，一方面为了提供一种具有辨识度的身份与个性以推介自己的品牌，各家时装店明确了高级时装设计师即是革新者与艺术家这一观念。塞西尔·比顿形容英王爱德华时代的女性在努力不使自己的制衣师名字泄露。这些女性希望因为自己的时尚感而受到肯定，并始终保持自己的知名度高于其时装师。不过，高级时装店已经发展出它们独有的招牌款式，这些服装赋予了穿着它们的女性以鲜明的时尚地位。

20世纪的前几十年里，保罗·普瓦雷和露西尔等设计师开始蜚声国际。他们为戏剧明星、贵族及富豪们制作服装，并且宣扬着他们自身作为颓废的社会名流的身份。普瓦雷此时已经是现代意义上的时装设计师。他以标志性的奢华风格以及他创造的那些廓形逐季变化且造型夸张的款式而闻名于世。乔治·勒帕普笔下的时装插画生动展示了普瓦雷那条1911年的著名帝政风高腰线礼服的廓形，这件设计作品背弃了英王爱德华时期紧身束腰的时装样式。他那些布满刺绣的晚礼服与歌剧院外套汲取了

图3　保罗·普瓦雷精致的帝政风高腰线礼服裙,乔治·勒帕普1911年绘

从现代主义到"俄罗斯芭蕾"^①等各种当代艺术与设计灵感，那些强有力的高级时装形象的格调又通过他自己的香水产品销售传播得更为深远。普瓦雷同时代的从业者们同样熟稔于利用现代广告与市场营销手段来构造他们各自时装店的形象。大多数人都将自己的设计销售给美国批发商，由他们就买下的每一个款式裁制出数量严格限定的服装。除了为单人定制的各款服装的销售所得，这类销售也给时装店带来了收益，而前者才是高级时装的本义所在。

两次世界大战之间是高级时装的一次鼎盛期，这一时期的玛德琳·维奥内、艾尔莎·夏帕瑞丽、可可·香奈儿等人通过她们的创作定义了现代女性这一概念。她们的成就强调了这样一个事实：长期以来，时装一直都是为数不多的女性能够以创新者与实干家身份获得成功的领域之一，她们领导着自己的业务，同时为无数女性提供自己高级时装工作室的工作机会。确实，高级时装是一项集体协作的事业，大牌时装店由许许多多的工作室构成，每个工作室负责一款设计的不同内容，比如说裁片、立体剪裁或串珠与羽毛等各类装饰。尽管每一件服装都有很多人参与创作，设计师们的想法始终是与作为独立创意个体的艺术家的理念保持一致的。这在一定程度上是因为设计与革新是时装中最受重视的两个方面，毕竟它们是各个系列的基础，又被视为整个过程中最具创新性的要素。特别是，这种对于个体的强调同时也成

---

① "俄罗斯芭蕾"（Ballets Russes）是巴黎的一家芭蕾舞巡演公司，于1909年与1929年间在整个欧洲巡演。——编注

了一件有效的宣传工具，因为它强调了一个时装品牌的身份，而且真正为时装店提供了一张"脸面"。

尽管不受巴黎高级时装业中施行的那些严格条例的管理，其他国家也发展出了各自的高级时装设计师与定制产业。例如1930年代的伦敦，诺曼·哈特内尔和维克多·斯蒂贝尔就强调自己是时装设计师而不仅仅是王室制衣师。在纽约，华伦蒂娜（Valentina）逐渐发展出一种极其简洁的风格，通过吸收现代舞元素来创造一种美式时装身份。而在1960年代的罗马，华伦天奴（Valentino）倡导了一种与众不同的意大利式高级时装，崇尚极度女性化的奢华风格。

进入战后时期，纺织品与劳动力成本上涨使得高级时装更加昂贵。克里斯汀·迪奥等设计师在经历了1940年代的艰难之后，开始重新沉迷于繁复铺张，他们重视传统的高级定制工艺，在之后的十年里引领着高级时装对全球时装潮流始终如一的统治。从1960年代开始，尽管抛弃型的青少年时装开始兴起，成衣设计师的全球声望也在增长，但高级时装仍然停留在大众的视野里。其重要性虽然有所变化，但迪奥的约翰·加利亚诺、浪凡的阿尔伯·艾尔巴茨、香奈儿的拉格斐等几个特别的设计师依旧能够创造出在整个市场所有层面广泛传播的时装。尽管客户数量在不断下降，但成衣产品线、配饰、香水以及为数众多的授权产品仍将高级时装推到了巨大的全球奢侈品市场的头排位置。虽然欧洲的高级时装消费者变少了，但其他市场一直处在此起彼伏的兴盛之中。石油财富让1980年代的中东高级时装销量大幅增加，美元正值强势且人人钟爱显摆的里根时代的美国也是这样，而后共产主义时代俄罗斯创造的巨额财富则贡献了21世纪之初更多的客源。再加上名流文化的显著与红毯礼服的兴起，高级时装设计师们继续制作着每一季的服装系列。即便这些孤品式的设计本身并不能创造什么利润，但它们带来的大量关注巩固着处于高级时装产业核心位置的设计师们始终如一的重要性。

成衣设计师的演化

英国时装记者艾莉森·赛特尔在她1937年的《服装线》一书中写道，巴黎高级时装行业内部相互联系的性质是行业兴盛的关键。面料、服装以及配饰的设计师和制作商们相互间均密切联系，可以对各自领域内的发展做出及时反应。

流行趋势因此得到迅速鉴定，然后收入高级时装设计师们的服装系列之中，这使得巴黎始终保持着它在时装业界的领先地位。令赛特尔印象深刻的还有时装在法国文化中的深植，所有社会阶层的人们都对穿衣打扮和时尚风格抱有兴趣。就像赛特尔所写，高级时装设计师们"通过观察生活来预测时尚"，而这一方法在成衣设计师的演化过程中显得尤为重要。高级时装设计师们发现许多女性希望购买的不仅是紧随当下风格潮流的衣服，这些服饰还得是由时尚品牌设计生产的。

自1930年代初期起，设计师们开始陆续推出一些价位略低的时装系列，以触达更多的受众。吕西安·勒隆就是一个例子，他开始制作自己名为"勒隆系列"的产品线，销售的成衣价格只有他高级时装系列定价的零头。高级时装设计师们一直开发着成衣服饰，比如1950年代雅克·法特就曾为美国制造商约瑟夫·哈尔珀特设计过一个极为成功的产品系列。不过，当皮尔·卡丹1959年在巴黎春天百货发布他的成衣系列的时候，他却遭到了巴黎高级时装公会的短暂除名，这个协会的存在本身是为了规范高级时装产业，而卡丹被除名的原因就是他没有获得其许可便这样设立了自己的分支产品线。与此同时，卡丹也在积极探索远东地区的潜在市场，谋求在全球范围内实现商业成功。与他大胆、现代的设计风格联系起来观察，他的这些举动实际上都是法国时装业重心转移的一部分，高级时装设计师们竭力保持着他们的影响力以应对越来越多斩获成功的成衣设计师。1966年，伊夫·圣罗兰的"塞纳左岸"（Rive Gauche）精品店开业，以长裤套装与色彩灵动的分体款时装来响应流行文化并认同女性社会角色的转变。圣罗兰证明了高级时装设计师同样可以通过其成衣系列引领时尚。在1994年艾莉森·罗斯索恩对一位名叫苏珊·特雷恩的顾客的采访中，这位女士形容圣罗兰新的时装线"令人十分激动。你能买下整个衣橱：任何你需要的东西都买得到"。然而，1960年代一般被视为大规模生产、年轻化的成衣开始以前所未有的姿态引领时尚的关键节点。美国的邦妮·卡欣等设计师，英国的玛丽·奎恩特等人，还有意大利包括璞琪在内的设计师们当时都在市场的各个层次里确立着自己的时尚影响力，塑造了时装设计、销售以及穿着的新范式。

虽然成衣服饰自17世纪开始就脱离巴黎高级时装独立发

展，但直到 1920 年代它们才开始真正因为自己的时尚价值而不是价位或质量被设计销售。在巴黎城中，这意味着高级时装设计师们需要在未来的数十年里与全球的百货公司达成协议，让他们销售自家专属版本的高级时装，同时为其开发成衣产品线。而在美国，包括汤利制衣（Townley）在内的生产商以及萨克斯第五大道精品百货等百货公司迅速雇用设计师为自己匿名研发时装产品线。

到了 1930 年代，这些设计师开始走出无名的幕后世界，将自己的名字纳入品牌信息。在纽约城里，精品百货罗德泰勒副总裁多萝西·谢弗，推行了一系列将店中美式成衣与定制时装设计师两者并列推广的宣传活动。橱窗与店内陈设中加入了有名有姓的设计师的照片，并与其设计的时装系列一同展示，鼓动一种曾经只有高级时装设计师们才能享受的个人崇拜。这也是人们努力培育本土成衣设计人才实践的一部分，毕竟大萧条带来的困境使前往巴黎获取时尚资源的洲际旅行显得太不经济。同时它也充分说明时装设计师需要依靠抱团组队来提升其自身时尚资质的行业认可度。巴黎继续保持着它作为时尚中心的地位，但到了 1940 年代，法国的行业影响在战争里中断了，纽约开始确立起自己的时尚地位。再往后发展，全球的众多城市循着同样的发展过程，投资自己的时装设计教育，举办各自的时装周以推广本土设计师的时装系列，并力图销往国内国际两个市场。时装设计师在这一过程中的角色至关重要，他们还提供着创造的推动力，外加颇具辨识度的面孔，后者可以作为推介宣传的坚实基础。1980

年代,安特卫普与东京展示了各自培养出众设计师的实力,一批设计师开始成名,其中就有比利时的安·迪穆拉米斯特和德赖斯·范诺顿,以及日本籍的Comme des Garçons[①]品牌设计师川久保玲和山本耀司。到了21世纪初期,中国和印度也像其他国家一样,开始投资自己的时装产业,并培养自己的季节性时装秀。

设计师们所接受的训练方式直接影响着他们创作时装系列的方法。例如,英国艺术院校强调研究和个人创意的重要性。这种对创造过程中艺术元素的重视造就了像亚历山大·麦昆这样的设计师,他们从历史、典雅艺术与电影中汲取灵感。麦昆的设计系列通过主题鲜明的场景呈现出来,模特有时在一个巨大的玻璃箱子里扭动着身体,有时又要一边随着旋转平台缓缓转动一边任由一只机械喷嘴喷绘。他的模特们被打造为人物角色,有些像通过服装和布景娓娓道来的叙事。麦昆那种电影式的展示方式在他2008年[②]春季时装系列中一览无余,这一季他以1968年的老电影《孤注一掷》(*They Shoot Horses Don't They?*)为灵感来源。这场秀营造出一种大萧条时代马拉松式舞会般的场景主题,请来了先锋舞蹈家迈克尔·克拉克进行编舞。模特们轻盈地穿过舞池,身着灵动的茶会礼服和旧工装裤,她们的肌肤汗光闪闪,双眼神色略散,似乎已在男舞者的半举半曳之下跳了一个又一个小时。麦昆以一种空前震撼的场面来宣传自己的时装,这进一步巩固了他同名品牌的成功,同时也充分证明

---

① 后文统一简称CDG。——编注

② 实为2004年,应为讹误。——译注

了他那些无限创意的魅力。

与此相反，美国的院校则喜欢鼓励设计师专注为特定的顾客人群创作服装，并将商业考量以及制造的便捷性始终放在第一位。他们以工业设计为模型以强化一种民主设计的理念，目标指向最大数量的潜在消费者。从1930年代到1980年代，邦妮·卡欣等设计师的作品很好地例证了这种方法如何能够产生标准化的时装系列以针对性地满足女性的穿衣需求。她的设计看上去线条流畅，同时显示出对细节的密切关注，并搭配上有趣的纽扣或腰带搭扣让它们简单的廓形活泼起来。1956年，卡欣曾告诉作家贝丽尔·威廉姆斯，她坚信一个女人衣橱的75%都是由"永恒经典"单品组成的，她还特别说明"我的全部服装都是极其简单的……它们就是我想穿在自己身上的那种衣服"。她为工作、社交还有休闲等各种场合设计生活方式服饰，同时把自己宣传为她的方便穿着（easy-to-wear）风格的具体实例。这种类型的设计开始逐步塑造美式时尚的个性特征，不过它这种简单的特质也可能使得一个品牌难以确立自己独特的形象。从1970年代末到1990年代末，卡尔文·克莱恩运用极具争议的广告为他的服装与香水系列进行宣传。典型的形象就有1992年的"激情"（Obsession）香水广告中裸露且雌雄莫辨的少年凯特·莫斯，这些画面营造出一种前卫、现代的品牌形象，这实际上与他在许多设计中的保守风格大相径庭。

这些设计师一直坚持个人担纲时尚原创者的理念，而与此同时，许多时装店开始雇用完整的设计师团队为其制作产品系列。正是出于这一原因，比利时设计师马丁·马吉拉一直拒绝接受个人采访，同时竭力避免出现在镜头里。所有报道与媒体通稿中一概署名"马丁·马吉拉时装屋"（Maison Martin Margiela）。2001年，在时装记者苏珊娜·弗兰克尔对马吉拉时装屋另类的时尚操作方式进行的一次传真访问中，起用非专业模特这一做法被解释为品牌全盘策略的一部分："我们绝对不是要反对作为个体的职业模特或'超模'，我们只是觉得更希望将关注点聚焦在服装上，而媒体和他们的报道并没有把全部关注给予它们。"他的品牌标签一般留白或者只是打上该款服装所属系列的代码。这种做法转移了人们对于个体设计师的关注，同时暗示了要完成一个时装系列必须要靠众人通力合作，同时这种做法也使他的作品与众不同。对于另一些设计师来说，他们的重心更多地放在名流顾客群上，这些人给他们的时装系列罩上了一层亮丽迷人的光环。21世纪初，美国设计师扎克·珀森就受益于包括娜塔莉·波特曼在内的年轻一代好莱坞明星们，她们身穿他的礼服走上红毯。在这类活动中，明星们获得的媒体报道足以带动新晋设计师的作品销售，同时创建他们的时装招牌，就像朱莉安·摩尔穿上圣罗兰旗下斯特凡诺·皮拉蒂的设计后成功地将他推上了赢家的位子。

男装设计师们也开始在20世纪不断崛起至行业前沿，尽管他们一直没能引发与女装设计师们相同水平的关注度。男装设计一般集中在西服套装或休闲服饰上，且人们普遍认为男装缺乏女装可以被赋予的那种宏大壮观而又激动人心的东西。不过，男装设计师的代表人物还是从1960年代开始逐步出现了,比如伦敦的费什先生与意大利的尼诺·切瑞蒂。两者都充分发掘了那个年代明艳的设计风格,在他们的时装设计中运用了生动的色彩、图案和中性化的元素。在1966年开出自己的精品店之前,迈克尔·费什在萨维尔街精英式的工作环境中发展出了他自己的风格。与此同时,切瑞蒂则自他家族的纺织品生意中培养出了自己线条明快的设计风格,最终在1967年推出了他个人的第一个完整男装系列。巴黎高级时装设计师们同样开拓出男装设计,包括1974年的伊夫·圣罗兰男装。1980年代,设计师们继续探索着男装设计的各种规范,将精力集中到对传统西服的改良上。乔治·阿玛尼剥除了传统男装硬挺的内衬,创造出柔软无支撑的羊毛和亚麻西装外套,而薇薇恩·韦斯特伍德则挑战了时装性别边界的极限,给西装外套缀上亮珠与刺绣,或者让男模们穿上短裙和裤袜。

从1990年代开始,德赖斯·范诺顿时装系列中丰富的色彩与质感,还有普拉达(Prada)设计中革新性的纺织面料,都充分展示了男装设计能够以微妙的细节引人注目。男士美容与健身文化的发展也给这一领域带来新的关注。21世纪之初,拉夫·西蒙等一批设计师,尤其是在2000年到2007年之间为迪奥·桀傲男装(Dior Homme)工作的艾迪·斯里曼,为男性开发出一种纤瘦的廓形,影响极为深远。斯里曼极窄的裤型、单一的色调、极为修身的西装外套意味着它们必须穿在透露出中性气质与特立独行态度的年轻身体上。各界名流、摇滚明星还有高街品牌店铺,迅速

图4 艾迪·斯里曼2005年春季系列中极具影响力的紧身廓形

地接受了这一造型，充分展示了自信的男装设计也可以拥有强大的力量与影响力。

亚文化风格一直是1960年代以来男装系列中最为重要的一类借鉴元素。从六十年代"摩登族"（Mods）穿着的紧身西装到八十年代休闲派身上色彩柔和的休闲装，街头风格平衡了个性与群体身份。它因而吸引许多男性开始寻求既能起到统一着装作用，又能让他们自己加以个性化改良的服装。各种亚文化群体的成员通过他们的穿着风格以多样的方式塑造着自己，有的靠定制专属服装来完成，有的则靠打破那些规定应当如何穿着搭配的主流规则来实现。到了1970年代晚期，这种自己动手的风气在朋克族（Punks）身上体现得最为明显，他们在衣服上添加标语，别上别针，撕开衣料，创造出自己对经典的机车皮夹克和T恤衫的演绎。1990年代中期开始，日本的少男少女们也开始制作自己的服装，给它们加上和服腰带等传统服装元素，创造出多变的服装风格，而这些服装又都符合他们对夸张与梦幻的热爱。通过借鉴这些做法，时装设计师们得以为自己的设计系列注入一种看起来叛逆感十足的前卫感。

的确，从1990年代开始，时装消费者们就越来越追求通过定制服装与混搭设计师单品、高街款式与古着衣饰来实现自己造型的个性化。这让他们当起了自己的设计师，哪怕没有那么多件可改的衣服，也要把整体造型和形象打造成自己想要表现的样子。1980年代的"时尚受害者"这一概念，即从头到脚全穿同一设计师的作品的人，促使许多人采取行动，力求通过在自己身上进行

图5 日本的街头时尚融会借鉴了东方及西方、复古与新潮的丰富元素

改良与造型搭配来表现他们的独立创意，而不是依赖设计师们为他们构建起某种形象。这种做法效仿了亚文化风格以及专业造型师的工作模式。它反映出某些消费者群体中不断成熟的自我认知，还有他们心中既想成为时尚潮流的一分子又不甘任其摆布的愿望。20世纪无疑见证了大牌设计师逐渐成长为时尚潮流的引领力量，但他们也不断地迎来新的挑战。1980年代或许是设计师个人崇拜的顶峰，即便许多品牌如今依旧备受崇敬，它们现在却必须与数量空前的全球对手同台竞技，同时还要对抗众多消费者想要设计个人风格而不是一味遵从时尚潮流的强烈愿望。

第二章

艺 术

　　安迪·沃霍尔1981年的作品《钻石粉鞋》（*Diamond Dust Shoes*）呈现了在漆黑背景下杂乱摆放的色彩明亮而鲜艳的女士浅口便鞋的画面。作品以照片丝网印刷为基础，鞋子从顶角拍摄，观者犹如正在俯视衣橱隔板上零散的一堆鞋子。一只炫目的橘色细高跟鞋耸立在一只端庄的番茄红色圆头鞋旁边，而另一只深蓝色缎面晚装鞋旁边是一只橙红色带蝴蝶结的船形高跟鞋。所有的色彩都是逐层叠加在画面之上的，制造出一种将众多风格与造型的鞋子拼凑在一起的卡通效果。

　　照片的剪裁给人营造出一种这堆鞋子难以计数的印象，例如一只淡紫色靴子只露出一点鞋尖可见，从画框边缘伸进了画面。这一图像经过了艺术家精心的组织；即便看上去杂乱，但每一只鞋都是巧妙陈设的，并露出数量刚好的鞋内商标可见，以此强化它们的高端时尚地位。画作令人想起时尚大片与鞋履店铺，并以此指涉了对时尚来说基本的视觉与真实消费行为的统一。沃霍尔的画作在丙烯颜料的光泽下显得平整光洁，这种光泽感在整幅画面上撒开的"钻石粉"的作用下得到了加强，这些"钻石粉"折射光线时让观者眼前一片熠熠生辉，炫目迷人。作品闪闪发光的

图6 安迪·沃霍尔1981年的《钻石粉鞋》展现了充满魅力与诱惑的鞋履设计

表面明确地展现了时尚光鲜亮丽的外表以及它能够改变日常生活的能力。

1950年代末，沃霍尔以商业广告艺术家的身份工作，他的客户就包括I.米勒制鞋。他为其绘制了众多妖娆、明快的鞋履作品，尽显魅惑之态。他自身与商业的联姻还有对流行文化的热爱意味着时尚对他来说是一个理想的主题。时尚在沃霍尔的丝网印刷画和其他各种作品中占据着重要地位，而他也不断运用着装与配饰，包括他那著名的银色假发来改变自己的身份。1960年代，他还开了一家精品店，起名"随身用品"（Paraphernalia），混搭销售一众时装品牌，比如贝齐·约翰逊（Betsey Johnson），还有福阿莱与图芬（Foale and Tuffin）。"随身用品"精品店的开幕仪式上还请来"地下丝绒"乐队演出，因而将沃霍尔在不同方向上的开创性艺术创作综合在了一起。他深刻理解到在这十年里，时尚、艺术、音乐与流行文化之间已经结盟。将先锋流行音乐与基于色彩明艳的金属、塑料以及撞色印花的抛弃型和实验性服装进行融合，不仅表达出这一时代的创造激情，还帮助确立了时尚标准。对于沃霍尔来说，艺术或设计形式不分高低。时尚从不因其商业上的紧迫性或者说它的短暂易逝而受人唾弃。相反，这些固有特性在他的作品中被大肆宣扬，作为他对当代快节奏生活的迷恋的一部分。于是，《钻石粉鞋》令人炫目的表面赞美了时尚对于外在美好与华丽的关注，而他的精品店则吸引人们关注处于时装业最核心的商业行为与消费主义驱动力，很多当代艺术市场的核心也确实是如此。在沃霍尔的艺术作品里，时尚固有的短暂易逝而又物质至上的缺陷，变成了对孕育时尚之文化的评述。对沃霍尔来说，大众文化与高端奢侈品的各种元素可以和谐共存，正如它们在各类时尚杂志或各种好莱坞电影中共存一样。在他的作品里，复制品与孤品拥有相同的地位，他也能非常轻松地在不同的媒介间转换，对电影和丝网印刷或平面设计的各种可能性怀有同样的热情。沃霍尔既不认为这些限制了他的创作，也不觉得应将商业剥离艺术以保持它的合理性，而是拥抱了各种矛盾体。在他1977年的《安迪·沃霍尔的哲学：波普启示录》[*The Philosophy of Andy Warhol (From A to B and Back Again)*]一书中，他写到推动着他的艺术前进的种种交融难厘的界限：

> 商业艺术（business art）其实是紧随艺术之后的一步。我开始是一个商业广告艺术家（commercial artist），而现在我想最终成为一个商业艺术家（business artist）。当我从事过"艺术"——或无所谓叫什么——的那件事后，我就跨入了商业艺术。我想成为一个艺术商人，或是一名商业艺术家。商业上的成功是最令人着迷的一门艺术。

自19世纪中叶起，时尚就加快了步伐，触及更多的受众，拥抱工业化的生产过程，并运用多种引人注目的手段完成商品销售。艺术经历了同样的变革进程：艺术市场不断成长，开始拥抱中产阶级，机械化复制改变了艺术只能专属于某个藏家的观念，艺术机构及私人画廊重新思考了艺术品陈列与销售的方式。时尚和

· 28 ·

艺术的主题之间同样存在着相互交叉，从身份与道德两大议题，到对艺术家或设计师在广泛文化下被感知方式的关心，再到对身体的表现与运用的关注。

有时时尚也会被呈现为艺术，但这也引出一连串问题。一些设计师在自己的作品中化用了艺术创作方式，但他们仍身处时装产业框架之内，同时运用这些借鉴来的方法探索时装的本质。例如，职业生涯早期的维果罗夫就立志专注举办时装秀，而不愿意制作可供销售的衣服，于是他们的设计都成了孤品或少量制作的款式，它们的存在只是为了佐证那场时装秀在时装体系中的重要性，而非成为实穿的服装。尽管如此，他们的作品依然占据着时装界的一席之地，接受着时装记者们的热烈评议。这似乎是在为他们后面推出的几个时装系列展开宣传活动，这些后续的设计系列被投入生产。他们的作品同样强调了不同类型设计师之间的差异。维果罗夫对时装的诠释融入了他们对时装秀角色的迷恋，以及它检验景观与展示边界的潜力。在自己这些时装系列的秀场呈现中，他们游走于艺术、戏剧以及电影之间。2000年秋冬系列发布时，两位设计师慢慢地给一位模特套上一层又一层的衣服，最终为她穿上了整个系列的服装。这其实呈现了在真人身体上完成试衣的过程，它是传统时装设计最核心的部分。最后包裹着女模特的那些尺寸夸张的时装成品看上去几乎将她变成了一个僵硬的人偶、一个活着的人体模型，以及设计师手中的玩物。在2002/2003年的时装秀上，所有服装都是明艳的钴蓝色，在秀中充作电视电影特效拍摄中使用的蓝幕。他们将电影投影在模特的身体上，模特们的身形尽失，在电影画面投射于身体表面时他们的身体似乎也在明灭闪烁。

在维果罗夫的设计与秀场展示中，艺术化方式的运用为时装实践增色良多，但这未必能把他们的时装转变为艺术。他们的作品在国际时装周的大环境中展示，指向的是时尚群体，强调的是服饰与身体交流的方式。哪怕在还未将自己的服饰投入批量生产的阶段，他们也是遵循着时装季设计发布，还有尤为重要的一点，他们一直忠于时装的基础元素：面料与身体。

有时人们将时装与艺术相提并论，以赋予它更高的可信度、深度以及意图。不过，比起对时装真实意义的揭示，这种做法也许更多地暴露了西方世界对于时装缺乏这些特质的担忧。当一条1950年代的巴黎世家（Balenciaga）连衣裙陈列在画廊的古旧玻璃展柜中，它也许看起来会像一件艺术品。不过，为了展现它的价值或创造它时所运用的技艺，它并不需要被称作一件艺术品。如同建筑等其他设计形式，时装也有着自己独特的追求，如此便避免自己成为纯粹的艺术、技巧工艺或是工业设计。它实际上更像是一种吸纳了所有这些方式的各种元素的三维设计。巴伦西亚加先生严苛要求精确的形态，为面料的褶裥与结构带来平衡感与戏剧化效果，再辅以工坊里工人们的精湛手工，让这一袭裙子变成了一件卓越的时装。它并不需要被冠以艺术之名来佐证其地位，艺术这一字眼忽略了在渴望创造并挑战时装设计界限之外，巴伦西亚加制作裙子的原因：希望装扮女性，并最终卖出更多设计。我们不应认为这一层诉求削弱了他所取得的成就，反倒应该看到，它帮助我们进一步理解了巴伦西亚加的创作方式，他全力开拓种种"边界"，以创造能够给予穿衣人与观衣人同等启迪的时装。

理解时装应当以它自己的语境为基础，这使得时装与艺术、文化其他方面的相互交织更加妙趣横生。它为艺术、设计以及商业在一些时装实践者的作品中发生联系、交织重叠开辟了新的路径。的确，时装能够如此令人着迷而又令某些人感觉难以捉摸的一个重要原因就是，时装总是能侵吞、重组并挑战种种既有定义的边界。因此，时装能够突出关于一种文化中何为可贵事物的矛盾。安迪·沃霍尔和维克多与罗尔夫等各种各样的设计师与艺术家们都在利用文化矛盾和态度创作作品。对时装来说，关注身体与面料，以及它常常以穿着与销售为设计目的这一事实，将其与纯艺术区别开来。不过，这并不妨碍时装拥有自己的意义，而艺术世界对时装一如既往的迷恋正突显了它在文化上的重要性。

肖像画与身份塑造

时装与艺术之间最显而易见的联系大概就是服装在肖像画中扮演的角色。16世纪，宗教改革在北欧的影响致使宗教绘画的委托需求下降，艺术家们因而转向新的绘画主题。从文艺复兴开始，人文主义对个体的关注让众多的贵族成员开始希望由艺术家为自己绘制肖像。肖像画的成长建立起艺术家与画主、时装与身份表达之间的关联。荷尔拜因笔下的北欧皇室与贵族成员肖像画探索了油画所能够传达的视觉效果，表现出绸缎、丝绒以及羊毛等不同面料之间的质感差异。荷尔拜因精细的绘画水平直接体现在他为肖像画准备的详尽底稿上。珠宝首饰的精巧细节在他的素描里被悉数摹画，构成女士头饰的精致的层层平纹棉布、亚麻布以及硬质衬底在他的画笔下与主人公的脸庞和表情一样细腻。荷尔拜因深深明白时髦的衣饰对于表现他这些主顾的富有与权势以及性别与地位发挥着重要的作用。这些属性在他的画作中被清晰地呈现出来，不仅成为过去服饰风格的纪念，又令人想起时装在构建一种能让同时代人轻松领会的身份时曾经扮演的角色。他所绘的亨利八世系列肖像展现了当时追求的视觉上的宏大，利用层层垫高的丝绸与锦缎来增加身形大小与威严之感。黄金与珠宝的镶边与配饰进一步增强了这种效果，外层的面料适度裁剪收短，目的就是要露出里面更加华贵的服饰。他绘制的女性肖像同样细节丰满。甚至在他1538年为丹麦的克里斯蒂娜绘制的风格沉郁的肖像画中，主人公所穿丧服面料的华美依旧一览无余。光线洒落在裙面上深深的褶皱和宽松堆叠的两肩上，强化了她这身黑色缎面长裙所散发的柔和光泽。与之鲜明对比的，是由领口直贯下摆的两道棕红中略泛茶色的皮草，还有她手握的一双软质浅色皮手套。与这一时期欧洲各地的其他艺术家一样，荷尔拜因的画面构图将焦点集中在主人公的面部，同时又极为重视对他们华丽服饰的展示。

从意大利的提香到英国的希利亚德，面料与珠宝的华美在各个艺术家的作品中呈现。甚至当服装素净又未施装饰时，如在丹麦的克里斯蒂娜肖像中，材质的奢华在主人公身份地位的构建中也扮演了重要角色。这种展示的重要性对于当时的人们来说是非常容易理解的。那时的纺织品非常昂贵，因而备受珍视。有能力购置穿着大量的金线织物与丝绒面料充分显示出主人公的财富。层层外衣之下不经意露出的雪白的男士衬衣和女士罩衫，进一步强化了主人公的地位。清洁在当时也是身份地位的一种标记，不管是及时清洗亚麻布料保持其洁白，还是浆洗轮状皱领并且恰当地压出复杂形状，都需要大量的仆人。

艺术不仅仅为彰显皇室与贵族身份服务，它还表现着个性、审美，还有主人公与时装之间的关系。当荷尔拜因等艺术家奋力精确描摹当时的时装，并将之视为自己作品总体的现实主义手法的组成部分时，另一些艺术家则运用了更加华丽的创作手法。17世纪期间，凡·戴克等人笔下的主人公，常常身着各色垂褶的面料，它们以各种超乎自然的方式萦绕着他们的身躯。艺术家们用神话般的服饰塑造人物的身体，有意让人联想起希腊众女神。女人们围裹着柔光绸缎，看上去如同飘飞在身体四周，浮动于肌肤表面之上。画中男人们身穿的服饰，一部分源于现实，一部分则是幻想虚构。虽然凡·戴克也画时髦的裙子，但他常常用自己一贯的审美对其进行改造，喜好反光的表面与连绵的大色块。这样一来，艺术便影响了时装，它不只记录了人们穿什么、怎么穿，更记录了人们理想中的美丽、奢华与品味。

当时装在18世纪开始逐季更迭，艺术与时装的关系变得更加复杂起来，有的艺术家开始担忧这种变化将会影响他们作品的重要性。一些肖像画师，例如约书亚·雷诺兹，追求作品经久不衰，希望创造出能超越自身时代的画作。时装似乎妨碍了他们实现抱负，因为它的存在能把一幅画拉回到其创作的时代。由于流行风格年复一年地改变，就算不是逐季变换，肖像画所属的年代完全可以精确判定。对凡·戴克和他画中的主人公而言，仿古典风格的服装一定程度上只是对梦幻华服的一种有趣尝试，对雷诺兹而言，它则是一种严肃的手法，试图实现与时装的割裂，并提出一种能确保肖像画对后世意义重大的另辟蹊径的方法。他因此竭力从自己的艺术中抹去时装的痕迹，让笔下的主人公裹上假想出的衣料，将人物形象与古代雕塑上可见的那种古典垂褶服饰融为一体。时装拥有一种强大的力量，它能够塑造人们对身体与美的认知，这被认为破坏了雷诺兹的意图。尽管他画出的裙子通常款式朴素，但18世纪最后二十五年里的时装大多如此，比如他所钟爱的拖地而修身的廓形。主人公对时髦形象的渴望同样阻碍了他崇尚古典的审美。女性画主们坚持戴上高耸并扑上白粉的假发，还经常点缀上羽毛装饰。她们的面庞同样搽成白色，双颊则施以时髦的粉红色脂粉。

主人公想让自己看起来时髦的诉求，再加上艺术家难以挣脱自己所处时代的主流视觉理念，这意味着想要绘制出一幅完全脱离自身时代背景的肖像画几乎是不可能的。安妮·霍兰德在她的《看透服饰》（*Seeing through Clothes*）一书中提出：

> 在现代文明的西方生活中，人们的着装形象在艺术中要比在现实生活中看起来更具说服力也更容易理解。正因如

此,服装引人注目的方式得到了当前着装人物画所做的视觉假定的调解。

霍兰德认为,通过艺术呈现能够"认识"到的不仅仅是身着服装的身体。她还认为艺术家们眼中的景象其实是同时代时装风尚培养起来的,甚至在描绘裸体时,身体的形态与展示方式都受到了流行时尚理念的调和。15世纪克拉纳赫笔下裸体上发育不足又位置靠上的双乳、位置较低的腹部,1630年代鲁本斯的《美惠三女神》(*Three Graces*)全身像,还有19世纪之初戈雅绘制或着衣或赤裸的《玛哈》(*Maja*),都证明了流行的廓形对人体形态描摹方式的深刻影响。在每个例子里,穿上服装之后的人体形态被塑身衣、衬垫以及罩袍重塑,又强加在画中的裸体人物体态上。所以,肖像画与时装的关系是根深蒂固的,也充分说明了视觉文化在任一时代都有着相互关联的本质。

这种相互的联系在19世纪变得更加显著,塞尚、德加还有莫奈等艺术家开始把时装图样作为他们笔下女性形象和她们所穿服饰的范本。由于许多人都是通过图像来了解时装的,不管是油画、素描、时装图样,还是后来的照片,观看者与艺术家一样,一直以这些图像为依据,被引导着理解他们在自己周遭所见的那些着装后的身体。实际上,艾琳·里贝罗进一步延伸这一观点,认为定制或购买艺术品这种行为中包含的物质主义一定程度上也是一种消费文化,后者见证了19世纪后半叶时装产业的成长,以及顶级肖像画家们与诸如查尔斯·弗雷德里克·沃思这样的高级时装设计师们价位相当的昂贵收费。里贝罗在她的《华服》（*Dress*，1878）一书中引用了玛格丽特·奥利芬特的话以佐证它们这种紧密的联系："现在出现了一个全新的阶层，她们的穿衣打扮紧随画像上的形象，当她们想买一件礼服时会问'这件能上画吗？'。"

　　时装与其图像呈现之间的模糊边界最引人注目的例子，大概要数皮埃尔-路易·皮尔森自1856年到1895年间为卡斯蒂廖内伯爵夫人维尔吉尼娅·维拉西斯拍摄的400余张照片组成的集子。她积极参与了自己的穿衣、造型以及姿势设计。她自己也因此充当着艺术家的角色，把控着自己在时装中的展示以及照片中的形象表达。她精心装点的19世纪中叶的各式裙子如同时装照片一般发挥作用，同时跨越时装图像的范畴建构起自己与衣服独特的关联。卡斯蒂廖内很清楚自己是在每张照片里进行表演，她将自己置于一个恰如其分的环境里，不管是在摄影棚里还是在阳台上。她充分示范了"自我造型"的魅力，运用服饰来定义或架构起人们对她的认知，以及她身体所展现出的形态。对她而言，时装与艺术之间的相互关联是一件强大的工具，让她得以尝试丰富多样的身份，就像皮埃尔·阿普拉克西纳与格扎维埃·德马尔涅认为的：

　　　　卡斯蒂廖内对身体的运用——她的艺术创作的直接来源——以及她对自己公众形象的精心筹划组织[预示了]……诸如身体艺术与行为艺术等当代事物。

图7　19世纪中叶，卡斯蒂廖内伯爵夫人在大量摄影作品中创造出自己独特的个人形象

时装在视觉文化中扮演着意义非凡的角色，真实的服装与它们在艺术和杂志中的再现之间又存在着无法割裂的联系，这意味着艺术家们常常对时装所具力量的态度摇摆不定。温特哈尔特和约翰·辛格尔·萨金特等肖像画家利用主人公的时髦服饰塑造画面构图，同时也表明画主们的地位与个性，而另一类艺术家，其中以前拉斐尔派最为知名，则全力抵抗着时装对美、风格以及审美典范无孔不入的制约。到了1870年代，掀起了一场唯美服装运动，它力求为时装对身体的限定，尤其是塑身衣对女性身体的禁锢提供另一种选择。无论男女，都转而选择了已成为历史的版型宽松的时装风格。但是，唯美服装本身也成了一种时装潮流，虽然它明确了一个观点，即艺术家与纯艺术爱好者们应当穿得不一样些，应当拒绝时装流行风格。尽管他们可能会拒绝同时代的时装潮流，但他们对自己穿着打扮那种刻意的淡漠，反而含蓄地认可了时装能够塑造自己形象的功能以及服装塑造身份的力量。

跨界与再现

20世纪，艺术与时尚之间发生了大量的相互借鉴与跨界合作。高级时装不断演进的审美力将精湛的手工技艺与个别设计师的愿景和压力结合起来，打造了牢固的商业运作模式，以保障品牌的持久繁荣。高级时装设计师们努力地构建起自己的时装店在当代美理念下的个性特质，这必然会使他们将现代艺术视为一种视觉的启迪与灵感来源。在保罗·普瓦雷的实践中，这意味着一种对异域风情理念的探索，他像画家马蒂斯那样前往摩洛哥游历，寻找着与西方世界全然不同的对色彩与形式的运用。普瓦雷梦幻般的浓郁色彩块、垂褶的伊斯兰女眷式裤装，还有宽松的束腰外套共同搭建起一种女性气质的典范，而这种典范自19世纪晚期开始就越来越清晰地出现在大众流行与精英文化里。普瓦雷和妻子丹尼斯穿着东方风格的长袍、斜倚在沙发上的样子被摄影师记录了下来，照片背景就是他们所办的那次臭名昭著的"一千零一夜"派对。联系普瓦雷的设计一并审视，这些图像使他的高级时装店成为奢靡与颓废的代名词。重要的是，它们还将普瓦雷定位为不妥协的摩登者，尽管他的许多服装设计基础仍旧是古典元素。普瓦雷很清楚他需要利用独具创意的艺术家概念以培养一种个人形象，同时又制作出畅销国外尤其是美国市场的服装。与其他高级时装设计师一样，他的作品必须平衡好个人客户对定制服装的需求——这与纯艺术的独创性更为相似——以及创作适当款式销售给各国制造商进行复制的商业需要这两者之间的关系。虽然普瓦雷努力维系着一种艺术家的形象，也充分利用了"俄罗斯芭蕾"的影响力，但他还是踏上了前往捷克斯洛伐克和美国的宣传之旅，目的是要在更广泛的受众中提升自己作品的知名度。

南希·特洛伊也写到了20世纪前几十年里纯艺术创作与高级时装之间的微妙关系。她发现，每一领域的变化都是对大众与精英文化之间越来越模糊的边界的反应，因而也是对"真正"原创与复制行为之间的差别做出的反馈。她认为，设计师和艺术家们试图"探究、掌控、引导（尽管未必一定能避开）商业与商品文化所谓的腐化影响"。

高级时装设计师们有各种各样的方式来恰当处理这些问题，并将当代艺术的影响力吸纳到他们的时装设计之中。在明艳撞色风格以及注重戏剧化个人呈现的影响下，普瓦雷的作品不断涌现。于是他与艺术家们进行直接的跨界合作也就不足为奇了，代表性的合作项目就有马蒂斯和杜飞的织物图案设计。首屈一指的先锋艺术家们与时装行业里的大牌设计师之间这样的联系看起来既理所应当又能互利共赢。任意一方都能够尝试、探究新方式去思考并呈现自己心中的理念。通过与另一种形态的前卫当代文化进行交融，以将视觉与物质相结合，各方都有可能从中受益。艾尔莎·夏帕瑞丽推出了更广泛的跨界合作，由她与萨尔瓦多·达利和让·科克托共同完成的设计最广为人知。这些联袂合作创造出的服饰赋予超现实主义信条以生命，其中就包括达利的"龙虾裙"。跨界合作把超现实主义艺术运动所热衷的并列手法，以及它与女性特质认知之间的复杂关系带进了有形的世界，穿着夏帕瑞丽设计的人们把自己的身体变成了对于艺术、文化以及性别的主张。

对玛德琳·维奥内而言，她对当代艺术理念的兴趣体现在她对三维立体剪裁服装技术的探索中，给她灵感的正是意大利未来主义碎片化的表达风格。她与欧内斯托·塔亚特合作的设计充分展示了艺术家的空间实验与设计师对身体和面料关系的思考所达成的一种动态结合。她的设计由艺术家来做时装图样，充分体现了这种动态的联系，也让她的设计成为未来主义的女性特质典范。模特的身体还有身穿的服装都被细细分割，不仅展现了它们的三个维度，又展示了它们的运动线条及其内在的现代性。

如果说普瓦雷与艺术的联袂借助了他在设计表达中对奢华与自由的渴望，那么对维奥内来说，这已成为她探寻处理与表现人体新方法的一部分。尽管这两位设计师的作品都复杂精细，它们还是被投入到大量的复制生产中。他们心中对生产商们大肆滥用自己作品的忧虑暴露出现代时装（当然，也包括艺术）固有的矛盾。正如特洛伊所指出的那样，面临风险的不只是艺术完整性的典范，复制行为也可能会破坏他们的生意，损害他们的利益。

鉴于艺术与时装逐渐深入商业世界，艺术家和设计师们不可避免地会把大批量生产的成衣视作跨界合作的新板块。这类合作项目使这两个领域之间的冲突以及它们与工业和经济之间的关系突显出来。它可能表现在认为艺术具有改变大众生活的强大力量的政治信条上，正如在俄国构成主义派设计师瓦瓦拉·史蒂潘诺娃1920年代的作品中表现的那样。当与她同时代的设计师们几乎都因时装的短暂性而避开它时，她却由衷地感觉到，虽然时装与资本主义和商业确实存在问题重重的关联，但它必然会变得更加合理，这与她对苏联时代"日常生活"的评价是一致的。她因而与她的构成主义派同侪们分道扬镳，开始明确提出：

认为时装将会被淘汰或者认为它是一种可有可无的经济附属品其实大错特错。时装以一种人们完全可以理解的方式，呈现出主导某个特定时期的一套复杂的线条与形式——这就是整个时代的外部属性。

时装能够更为直接地联结更广泛的群体，这种能力让它一直都是那些想让自己的作品进入大众领域的艺术家们理想的工具。这大概遵循了普瓦雷在20世纪之初确立起来的先例，比如1950年代毕加索为美国一系列纺织品设计的那些妙趣横生的印花图案就体现了这一点，这些图案设计最终为许多时装设计师所采用，其中就有克莱尔·麦卡德尔。到了1980年代初，薇薇恩·韦斯特伍德与涂鸦艺术家凯斯·哈林的合作设计在精神上更加接近夏帕瑞丽跟艺术家们的联名合作系列。不管在哪个例子中，他们的协同创作都体现着一种相投的兴趣与意图，以韦斯特伍德与哈林为例，他们都喜欢街头文化，还喜欢挑战人们对身体的既有观念，这些都表达为装饰着艺术家画作的各式服装。

许多时装与艺术联名合作中最为核心的商业考量与消费理念，在20世纪末到21世纪初开始变得更加显而易见。川久保玲采用的严谨知识分子式设计方法当然毋庸置疑，但令人眼前一亮的还有她成功地调和了艺术追求、时尚还有消费三者之间潜在的令人担忧的关系。彼得·沃伦将日本设计师处理这种关系的方式与维也纳工坊的艺术家们进行类比，后者始终致力于把服装作为"大环境"的其中一部分来设计。这一环境涵盖了或许最为重要的零售空间，对CDG来说，它已经演变成了川久保玲设计美学的朝圣所，并成为从未中断的跨界联名合作点。一流的建筑师们，比如伦敦设计团队"未来系统"（Future Systems），为她在纽约、东京和巴黎设计了多家精品店。她的室内陈设模仿了标志性的现代主义艺术作品，比如她的华沙游击店中看似随意的设计布置，其实借鉴了包豪斯派设计师赫伯特·拜耶在1930年的法国室内设计师协会年展德国章节中呈现的开创性作品，即固定在墙面上的一模一样的椅子。

川久保玲和阿尼亚斯·B.等设计师一样，进一步利用了商业零售空间与画廊之间的模糊性，开始在自己的精品店里举办展览。在CDG东京店中，产品展示包括辛迪·雪曼的摄影作品，它们与时装通常的陈列相得益彰。类似的展览早已有之，比如纽约百货公司罗德泰勒在1920年代晚期就举办过一场装饰艺术展览，伦敦的塞尔福里奇百货1930年代也展出过亨利·摩尔的雕塑作品。不过，到了20世纪末它们之间的关系更为复杂，两个领域之间的关联也更牢固地确立起来，在艺术家与设计师们探讨身体与身份的作品中尤为如此。

21世纪之初，艺术与时装之间的关系依旧令人担忧，它同样展现了文化价值观以及人们潜意识中的各种欲望。艺术中的时装与时装中的艺术这两者间的界限变得模糊，其各自展示的空间也变得不再泾渭分明。商店、画廊及博物馆运用类似的方法来展示并突出艺术与时装的消费，以及它们各自头戴的文化光环。路易威登出资为品牌与理查德·普林斯联名合作的2008春夏系列印花手袋举办的盛大派对就是一个极好的例证。这场派对在纽约古根海姆美术馆里举行，并选择了正在该馆展出的普林斯个展的最后一天晚上，引来了一些专业领域媒体的评论，评论探讨了商业赞助带来的诸多问题以及时装在美术馆中的地位。这个例子充分说明，虽然艺术与时装密不可分地联系着，但是当它们被太过紧密地捆绑的时候，两者在相互比较中既可能会获益，也可能会有所损失。

缪西娅·普拉达一直在积极地检验这些不同的观点。1993年，她专门建立普拉达基金会来支持并宣传艺术事业。她还请来雷姆·库哈斯等知名建筑师为自己设计标志性的"中心"（"epicentre"）店，这些店铺为她在店铺层展示时装设计的同时举办艺术展览提供了空间。其中就有她在纽约苏荷区门店展示的安德烈亚斯·古尔斯基巨幅摄影作品。古尔斯基作品中对消费文化的频繁抨击反倒给普拉达展出他的作品增添了一抹反讽的意味。于是，建筑师、艺术家和设计师们都呈现出一种心照不宣且自知的状态，他们创造着时装、艺术还有建筑，同时又不约而同地品评着自己的这些行为。

缪西娅·普拉达与时装及艺术之间的复杂关系，在她打造的名为"腰肢以下：缪西娅·普拉达、艺术与创造力"（*Waist Down: Miuccia Prada, Art and Creativity*）的裙装展览中表现得最为淋漓尽致，她用这次展览检视了自己过去时装系列中裙装设计的演变过程。展览由库哈斯的建筑团队设计，在全球的不同场地进行巡展，比如2005年的上海站就在和平饭店举办。展览运用了大量实验性的展示方式：有的裙子从天花板上悬垂下来，撑在特制的机械衣架上不停旋转；有的裙子平铺展开并覆上

图 8　2006 年"腰肢以下"巡回展采用了充满创意的方式来展示普拉达裙装

塑料外层，看上去宛如一只水母装饰物。普拉达的商业敏锐性与全球范围内的成功经营使得所有这些创新设计成为可能，而她在艺术及设计世界里的人脉则促使它们最终得以实现。

　　然而，普拉达本人似乎格外钟情于这些关系的不确定性，同时对于这种不确定性如何联结起时装和艺术，她的认识也自相矛盾过。当展览于 2006 年移师她的纽约精品店时，普拉达对记者卡尔·斯旺森表示"商店本来就是艺术曾经的立足之地"，但紧接着又为她在这些"中心"店里的展览和其他作品的地位进行辩驳，她强调：

> 这是一个为实验而存在的地方。但把展览设在门店里并不是偶然。因为它从一开始就源自我们希望在店铺中引入更多东西的想法，主要用来探讨我的作品。它其实是对作品的进一步阐释，与艺术全然无关。其存在只是为了让我们的门店更加有趣。

这一矛盾居于时装与艺术关系的核心。艺术家与时装设计师们的跨界合作能够产生有趣的结果，但双方也都会不安于大众对这类作品的接受程度。作为视觉文化的两个重要组成部分，时装与艺术始终表达着并且不断构建起诸如身体、美还有身份等各类观念。不过，艺术的商业的一面通过它与时装的紧密关系得到揭示，而时装又似乎利用艺术为自己注入严肃与庄重感。这些跨界合作体现出，每一种媒介都可能既信奉消费主义，又充满概念；既富有内涵，又关乎外在的展示。正是这些相通之处让时装与艺术走到了一起，并为它们之间的关系增添了有趣的张力。

第三章

产　业

1954年，英国人丹尼斯·尚德导演了一部短片《一条裙子的诞生》（*Birth of a Dress*）。影片开头取景于伦敦街头恣意陈设着时髦成衣的商店橱窗。随着镜头扫过这些橱窗外层锃亮的玻璃，旁白评论起英国女性极为丰富且触手可及的时装，并认为高级时装就是成衣设计的灵感来源。镜头紧接着特写了一件修身酒会礼服，裙身一侧荷叶边缀至裙摆，体现出1950年代晚装的韵味。片中介绍道，这条裙子首先由伦敦著名设计师迈克尔·谢拉德设计，经过改良后成了一件能够大批量生产的服装，使"街头普通女性"也能轻松购买。影片随后详细地展示了整个生产过程。时尚媒体通常选择回避服装制造这一产业化背景，而《一条裙子的诞生》赞美了英国的制造与设计奇迹，这些都参与到一条裙子的生产之中。这部影片由英国煤气委员会与西帕纺织公司赞助拍摄，揭开了一系列生产工厂的面纱，在那里用于服装制造的棉花被漂白以作备用。观众跟随镜头进入面料工厂设计织物印花的艺术家工作室，本片拍摄的是一款以炭笔描绘的传统英式玫瑰纹样。之后蚀刻工艺将印花图样转刻到滚筒上，科学实验室则开发出了苯胺染料（油气工业的副产品之一），然后工厂印制出大量面料，如此种种都在影片中得到了傲人的展示，以作为英格兰北部工业技艺与创造力的证明。

镜头接下来转到了迈克尔·谢拉德在伦敦梅菲尔富人区的精致沙龙，在这里迈克尔以这一印花面料为灵感，设计出一件晚礼服。以迈克尔的设计为基础，北安普顿工厂里的成衣设计师重新改良了这条裙装使其能够大批量生产。他们简化了设计，最终以三色印刷工艺推出一款时髦礼服，并通过一场时装秀向来自世界各地的买手进行了展示。通过镜头记录，影片让观众关注到女性身上时髦衣饰生产所必须历经的各个环节。这一设计离不开

图9 1954年影片《一条裙子的诞生》剧照，影片追踪了一条大批量销售的裙子从设计到制造的全过程

英国在高级时装设计和规模化时装生产中的成功，观众在镜头的带领下目睹了这些服饰是如何"与工业研究和科学发展的最新成果紧密相连的"。这部影片其实是战后一部反映英国工业发展、国家声望崛起、消费主义兴起的宣传片。它另辟蹊径，聚焦了时装的生产制造过程，将整个产业的各个方面都联结在一起，而通常它们都是以碎片呈现的：比如一件成品，设计师的概念，或者想要达到的一个目标。

正如《一条裙子的诞生》展示的那样，时装业包含了一系列相互交融的产业领域，这个领域的一端聚焦生产制造，另一端关注最新潮流的推进与传播。在生产者们忙于处理技术、劳动力问题，努力实现设计商业化的同时，媒体记者、时装秀制作人、市场营销者以及造型师们将时装打造成视觉盛宴，将流行趋势传达给消费者。服装已然被这些产业深深变革，从字面上说是通过生产过程，而隐喻意义上则是通过杂志与照片。所以，时装产业不仅生产了服装，更制造出一种丰富的视觉和物质文化，给人们创设新的意义、乐趣以及欲望。

安德鲁·戈德利、安妮·科尔申和拉斐尔·夏皮罗在他们关于这一产业发展的文章中指出，时装是建立在变化之上的。时装天生就是不稳定的、季节性的，时装产业的每一个方面都在不停地寻找调和这一不可预知性的方法。流行预测机构提前数年发布面料、主题等板块的流行趋势，用以引导、启发时装生产者们。时装品牌聘请富有经验的设计师，他们在自己对流行演变的直觉和标志性的个人设计之间取得平衡，从而推出成功的服装产品。

时装秀制作人与造型师会将这些服装以最引人入胜的形式展示出来，以提升品牌形象，争夺报道版面，同时吸引商场店铺下单。店铺买手依靠自己对顾客特点、店铺零售形象的掌握采购最有可能畅销的服饰，也进一步强化他们所代表的零售商在时尚方面的可信度。最后，时尚杂志、高级时尚书刊等时尚媒体资源将会为时装制作广告、撰写时尚评论，竭力蛊惑、抓牢读者的心。

14世纪中叶开始，时装的发展便一直基于技术和工业上的突破，并得到了长期以来对传统小规模、密集劳动方法的依赖的调和，后者保有必要的灵活性以应对季节周期性需求变化。需要强调的是，时装产业也被消费者的需求驱动着。18世纪时，面料设计和潮流风格从年度变化转为季节性变化。着装者会依当季的流行趋势来改造自己的服装，借助裁剪和配饰打造全新的效果。正如贝弗利·勒米尔所写的，当富人们为昂贵的新款定制时装买单时，下层群体则将二手衣饰与17世纪的成衣搭配在一起。

很显然，时尚从来不仅仅是一个简单的效仿过程，无论是效仿贵族，还是后来的法国高级时装风格。虽然我们不能假设所有人都会，或者就此而言能够紧跟时尚，但消费者需求对这一产业的发展来说确实是一个影响深远的因素。从文艺复兴以来，对身份、美感以及在服装中获得乐趣（不管是触觉还是视觉上的）的渴望，都在其中发挥了作用。这一产业因而孕育出本土化、民族化和国际化的时装风格，生产者和营销者又不断努力迎合着多样化的欲望与需求。自18世纪英国年轻学徒们引导的地区性时尚潮流开始，他们通过向服装上增加装饰以脱颖而出，或者早至16

世纪佛罗伦萨权贵身披的精工天鹅绒时,时装业就包含了由交易员、分销商、推销者等构成的复杂链条。

时装产业的演进

文艺复兴时期的时装产业因纺织品的全球商贸往来而蓬勃发展,东西方商品相互自由交流。服装制作应用的技术逐渐成熟、优化,16世纪西班牙的裁剪教材使得更合身的剪裁成为可能。15世纪晚期,战争和贸易使得不同服饰风格在西方世界扩散,其中勃艮第宫廷的浅色风格占据主流,而深色系的西班牙风格则在接下来的一个世纪里不断传播。这种种潮流都是消费者对奢华和炫耀的欲望的一部分,等到17世纪路易十四对法国纺织品交易施行了制度规定,这种欲望开始变得正式化。这一举措不但巩固了已有好几个世纪历史的纺织品生产与全球贸易网络,法国最高统治者所采取的这些行动同时也认可了时装不仅能够塑造民族身份,还可以影响它的经济财富。于是,这一需要在不久后见证了巴黎高级时装公会的早期雏形于1868年成立,为的就是监督巴黎的高级时装产业。与之对应的是,新兴工业化国家也在持续不断地建设着自己的时装和制衣产业,墨西哥的生产力在1990年代的提升就是一个很好的例证。

17世纪见证了里昂的丰富面料、巴黎的奢侈品贸易、伦敦的成衣业日渐得到认可和巩固,它们凭借小规模的服装制作,依托专注传统技艺的小型工作室、家庭作坊快速发展。这些生产带动了本地富裕阶层和旅游观光者对时装的消费,它们也是成衣制造的早期尝试，在未来会给时装产业带来更广泛的影响，也就是让更多的人穿上服装，产生更多的经济利益，时装产业也最终发展成为一个重要的国际经贸门类和一股强大的文化力量。

军需生产为成衣产业发展提供了极大的动力。"三十年战争"（1618—1648）期间建立起了一支庞大的军队，军品工厂与外包制衣工坊一起为军人生产制服。18世纪及后来的拿破仑战争时期，这类生产进一步扩大。早期的成衣生产主要是毫无个性的服装，例如给海员制作宽大的工作服，裤腿肥大通常是他们衣着的特点，还有为奴隶生产的基本服装。尽管本身并非时装制造，这些生产活动还是为即将出现的成衣产业提供了必要的先决条件。

美国作为独立国家的崛起在成衣产业的发展中扮演了一个至关重要的角色。1812年，美国军队服装公司在费城开业，成为最早一批成衣生产商之一。伴随美国内战带来的巨大的军服需求，还有淘金热给李维斯带来的牛仔生意，一个基于生产方式和服装尺码标准化程度更高的产业兴起了。克劳迪娅·基德韦尔在她的书中指出，19世纪末人们对成衣的态度出现了一种与之对应的变化。成衣不再被当作拮据和底层身份的表征。城市化不断推进，城市工人和居民需要买得起的服装，并且要"跟主流时装看上去没有多大差别"。城市之中更多时尚潮流随处可见，人们期望自己在人潮之中与众不同的愿望，成为驱动成衣产业的另一股力量。

需求总是和创新紧密相连。珍妮纺纱机（约1764年）提高了面料生产速度，提花织机（1801）使更复杂的织物设计成为可能。

然而，正是合理的尺码标准体系的形成使得高效的大规模生产成为可能，也使得时装产业从19世纪中叶开始更加发展壮大。举个例子，根据菲利普·佩罗的著述，截至1847年巴黎共有233家成衣生产商，雇员规模达7 000人；而在英国，据1851年的调查，服装贸易雇用的女性数量位列第二，仅次于家政服务。从这一点看，女士成衣产业同样也在发展，与早期男士成衣的情况类似，女士成衣主要是斗篷这类的宽松服装。

胜家公司于1851年投入市场的缝纫机，有时被看作成衣行业发展的革命性因素。然而，直到1879年蒸汽或燃气驱动的缝纫机往返摆梭被发明出来，服装生产的速度和简易性才得到大幅度提升。安德鲁·戈德利曾有记录，一名熟练的裁缝每分钟能够缝制35针。但到了1880年，动力驱动式缝纫机能够每分钟完成2 000针，而到1900年这一速度已经攀升到每分钟4 000针。技术的进一步革新，例如裁剪和熨烫技术的改良，在极大缩短生产时间的同时也减轻了生产者和消费者的成本负担。

1880年代从俄国种族迫害之下出逃的大量移民，给英美两国的成衣产业增添了更多动力，犹太裁缝和企业家也成为时装产业发展的重要力量。例如，伊莱亚斯·摩西（Elias Moses）在广告中号称自己是"伦敦第一制衣……开创了成衣新纪元"，而后又宣称"当前的制衣速度和火车一样迅捷"。摩西把自身行业效率飙升的技术和更为迅猛的交通方式类比，确实再贴切不过。火车路网不仅加快了贸易和分销，更打开了传播的可能性，将时装潮流扩散到各个阶层甚至不同国家之间。

从19世纪中叶妇女们头戴的用来遮挡海边阳光的黑纱，到越来越受欢迎的舒适的男式西装便服，旅行度假服饰及运动休闲时装促进了成衣产业的蒸蒸日上。19世纪最后四分之一的日子里，女性开始进入白领职场，她们迫切需要适合公共场合的新款服装。作为女性着装原型模式的"裁缝定制"也在1880年代得到了新的发展。穿上了女士衬衫的新女性们代表了一种全新的风格，在此背后19世纪末不同性别群体中众多的新时装风格蓬勃兴起。确实，美国制造的"仿男士女衬衫"在1890年代之初就已经风靡，证明了消费者需求与供应商创新之间的紧密关联，它不断驱动着时装产业向前发展。

如果说18世纪见证了点燃大众对时装欲望的西方消费文化的发展，那么19世纪则将这种对新奇与感官体验的热爱转变为遍及全球的视觉和商贸狂潮。发明家们接连开发出大批量生产的裙衬、束身内衣、裙撑等一个又一个专利产品，用最新的技术重塑着女性的身体；橡胶、赛璐珞材质的出现，给渴望拥有精致绅士风度的年轻男性提供了既可以轻松负担又容易打理的洁白领子与袖口；苯胺染料的出现意味着织物可以大胆地将科学革新与时尚融合起来。

成衣产业加速发展的同时，高级时装业也越来越多地习得了商业往来中的博弈伎俩。露西尔和沃思等代表性设计师以及主要的几家百货公司所使用的宣传策略，尤其是时装秀，发挥了巨大作用，将各种流行风格的华美形象广泛传播。这些展示活动在市场的各个层级传播并造成影响，也给想要将最新潮流改造为符合自身价位的生产商们提供了模仿的样板。美国买家尤其热衷于挖掘高级时装真品气质中的商业潜力。他们花钱参加各场时装秀，与卖家达成协议后采购一定数目的服饰，然后根据这些服饰生产限定批量的复制品。如在17世纪之时，"巴黎"就是奢华的同义词，这个城市的名字出现在各式广告、专题报道之中，被世界各地无数的商铺和品牌放在自己的名号里，以作为时尚可信性的标志。巴黎代表了优雅和旧世界的奢华，当其他城市努力打造能在国内国际市场上畅销的特色时尚风格时，巴黎也为它们的服装产业提供了一种发展范式。

至19世纪末，时尚作为服装产业的一股主要推动力不断勃兴，它把流行服饰带给了更广泛的人群。时装一方面使得人们得以构建新的身份；另一方面，产业发展的背后是对以女性和移民群体为主的产业工人的剥削。血汗工厂是这一充满活力的现代化进程的阴影，始终挥之不去。自1860年代起，行业丑闻不断爆出，确保如期交货及低廉零售价格的逼仄空间、长时间劳动和极微薄薪水的故事一次次震惊了政府和社会民众。关于生产道德的讨论带来了大规模的工会联合，20世纪早期，限制最低薪酬的法律也得到推行。尽管在剥削劳动力问题上臭名昭彰的是致力于大规模、标准化服饰生产的服装业，时装引发的一系列争议从未中断。维多利亚时代缝制定制礼服的那些羸弱年轻女子的形象，在今天被替换成各路信息曝光中服装品牌在亚洲和南美洲雇用的童工。

时装生产商们自古就需要保持与市场的密切联系，并针对消费者对某一特定流行趋势的需求迅速做出反应，今天发达的信息网络让服装生产装配可以分包到越来越远的地方。随着20世纪渐渐远去，科技手段使得每一个服装款式的销量数据能在各个店铺的各个收银机上进行整理检点，进而能迅速向工厂下单。运输方式和分销渠道的改进进一步加速了这一过程，极大地为一批成功的国际服装巨头们增加了便利，比如瑞典的海恩斯莫里斯（H&M）、西班牙的飒拉（Zara）。这些公司能够快速响应设计师的时装系列，同时密切关注着街头流行的新兴趋势，以复制最新的高级时装，有时候甚至能抢在高级时装上市之前先推出自己的产品。这种模式同样意味着工人的工作环境更加难以保障，引发了针对高街品牌的种种指控，盖璞（Gap）的遭遇就是个例子。

现代时装产业的结构在1930年代已经确立。随着20世纪逝去，这一产业被冠上"快时尚"的名头，从前按季发布的节奏已经被打破，服饰产品如今能够不间断地出新，持续供应给各个高街时尚零售商。1920年代的高速增长为这套系统奠定了基础。那个十年见证了更大规模的投资、更大范围的国际交流，同时越来越多的迹象表明，时尚，而不是质量和功能，能够赋予服装甚至汽车更多的卖点。"大萧条"开始后，人员和财力的大量削减让人们更注重精简有效的工业生产，建设国内市场，同时在全球范围内寻求新的区域以作为目标市场，巴黎的高级时装设计师和美国的成衣生产商们，都把南美地区视为新客户的重要潜在来源地。

战后时期，消费市场和国内工业得到了进一步的巩固。在美国的支持和商业知识的帮助下，意大利和日本发展出了各自的时装产业,在时尚服装与衣橱基本款之间取得了平衡。确实,这一结合非常重要,泰莉·艾金斯认为它对于延续一个品牌的商业生命至关重要。她断言美国设计师艾萨克·麦兹拉西1998年不得不关闭自己的同名品牌业务,就是因为他把全部精力都放在了时尚服装上,而忽略了经典款式的需求。

这再一次证明了时装产业的善变,设计师和生产商必须考虑周全才能增加并稳定自己的市场份额。这一点体现在高级时装设计师品牌授权生产、开发的成衣产品线,以及20世纪晚期出现的成衣品牌衍生的副线上,比如高缇耶童装(Junior Gaultier)和唐可娜儿(DKNY)。这些系列依托设计师们通过各自主线打造出的光环,并借助价位更亲民、款式更基础的服饰不断拓展消费人群。

时装产业对外部投资和其他资本保障途径的需求在20世纪得到解决。英国博尔顿(Burton)男装生产并零售自有设计,使得供需两端间形成紧密的关联互动,也使公司在1929年得以上市。从1950年代晚期开始,法国时尚品牌开始上市。1980年代以来,奢侈品巨头,比如路威酩轩,旗下囊括莫杰(Marc Jacobs)、路易威登(Louis Vuitton)、纪梵希(Givenchy)、凯卓(Kenzo)以及璞琪(Emilio Pucci)等品牌,将年轻品牌与老牌时装店汇合,以保证其时尚可信性,同时通过将利润分散在名酒、香水、腕表及时尚品牌等众多领域以抵御经营风险。

然而,时装产业依然有一个重要门类始终保留着几个世纪以来的规模极小、劳动密集型的经营模式。主要分布在伦敦东区的许多工作坊就是这一类型的缩影，年轻设计师加勒斯·普、克里斯多弗·凯恩以及马里奥斯·施瓦布只雇用了极少量的助理来协助他们完成自己的服装系列。他们沿袭着英国设计师们自1960年代就树立起的传统，作品出色的时尚设计引起了媒体的兴趣，影响力随之远播世界各地。

时装宣传推广方式的发展

时尚媒体与广告行业紧跟着服饰生产和设计的脚步不断发展，传播着最新流行趋势，并通过影像和文字构建起种种时尚典范。毫无疑问，媒体报道能够让设计师迅速蹿红，就像普、凯恩和施瓦布那样，但它也有可能侵蚀长期发展的根基。如果设计师在职业生涯之初就过快地斩获盛名，而此时的他们还没有找到有力的资金支持，不具备与订单需求相匹配的生产能力，他们的事业便难以成长。尽管如此，媒体报道仍然被认为对于树立品牌，并最终找到来源可靠的资金投资至关重要。这样的矛盾在伦敦时装周表现得尤为明显，以中央圣马丁艺术与设计学院为代表的艺术院校不断培养出大批极有才华的设计师，但基础条件匮乏、政府投资不足又让他们的设计事业不堪一击。

20世纪下半叶，循环举办的季节性国际时装秀逐渐主导了时装产业。它们为设计师和生产商提供了一个平台，在这里他们能够按自己希望的方式展示自己的设计系列，而不是透过杂志报道的滤镜来展现。时装秀集合了全球销售终端的买手、消费高级定制时装的富有个人客户等，随着它们的发展壮大，媒体从业者和摄影师也参与进来。从19世纪末规模极小的高级时装沙龙展示开始,时装秀逐渐形成自己独特的视觉语言,不仅包括模特的动作和仪态,灯光与音乐的配合,还有用来传达各个品牌标志和追求的那些越来越精美的现场表演。

直到1990年代,时装秀的内容都是经过媒体筛选编辑后才向大众传播,不管是报纸杂志,还是后来法国时尚电视台这样的电视频道。然而到了20世纪晚期,互联网向公众提供了能够接触到未经编辑内容的途径,这些内容有时会在设计师的网站上同步直播。当下的即时性有可能打破设计师与生产商,时尚媒体、零售商和潜在客户之间原本的稳定关系。它让设计师的作品以完全不经媒体加工的本来面貌呈现给消费者,消费者可以直接购买秀中的服饰,而这些款式时尚杂志和店铺买手们则不一定会相中。

出版、广播再到现在的互联网媒体,它们构成的国际化网络凭借着戏剧化的意象创造时尚内涵,几个世纪以来不断演变。文艺复兴时期,无论本地城镇还是国外的贸易和商旅,都会带来新的时尚资讯。讽刺文同时嘲笑和赞美着时尚。一流的制衣商们设法通过散发玩偶以传播流行趋势,而这些玩偶身着的都是最新款式的正装和便服。书信往来为传播最新款式提供了一条非正式途径。确实,相比小说,简·奥斯汀在她与姐妹的通信中留下了更多的时尚信息,详细地写到了她们帽子上新的装饰、新购置的裙子。这种近似名人逸事形态的时尚传播,在今天的网络博文中继续存在,也体现在一些内容风格个人化的小刊物里,例如专注复古风格和自制时装的杂志《邂逅》(*Cheap Date*)。

17世纪，更加正式的传播方式不断演变，包括自早期展示不同国家服装的画册演化出的不定期出版的时尚杂志。不过，第一本定期发行的时尚杂志直到1770年代才正式出版。《淑女杂志》（*The Lady's Magazine*）建立了整个时尚报道和形象塑造的行业。最令人印象深刻的大概是这本杂志的开本，到21世纪的今天它仍被当作范本。18和19世纪的时尚杂志的内容，既有充满谈资的社交事件，文中事无巨细地描述名流们的装束，也有给读者们的护肤化妆和着装建议，还有小说以及巴黎顶级高级时装设计师和裁缝师的各类新闻。在如何选择合适的时装、美妆，如何举止得当等问题上，时尚杂志把说教式的文章和"姐妹"般的建议融为一体，颇为有力。它们构建起"女性"的典范，不管是忠于家庭生活的强烈道德观还是对性别身份的前卫挑战，前者体现在19世纪中叶《英国女性居家杂志》（*Englishwoman's Domestic Magazine*）对家务和服饰纸样的建议中，后者则出现在1980年代中期的《面孔》（*The Face*）杂志里。

这些杂志很早开始就通过广告和更为隐秘的促销链跟时装工坊和生产商们保持着密切的关系。1870年代，《米拉衣装志》（*Myra's Journal of Dress and Fashion*）成为社论式广告的先驱，它把广告和专题评论内容糅合在一起，在刊载玛丽·古博夫人文章的同时配载了关于她的时装店的广告图片和评论内容。这种关系在20世纪进一步发展。1930年代，埃莉诺·兰伯特就是最早把公关技巧应用到时装产业的那批人之一，他们认识到了多元化推广的可能。这样，媒体代表开始游说将各大品牌投放入专题文章和图片中，通过增加时尚杂志的声望来确保已有广告版面的传播效果。兰伯特还鼓励自己代理的电影明星穿着与她稳定合作的设计师的作品。1950年代，她将运动服装设计师克莱尔·麦卡德尔的新款太阳镜系列送给著名影星琼·克劳馥，兰伯特清楚地知道克劳馥佩戴麦卡德尔作品的照片会成为设计师产品的代言，同时也会提升明星自己的时尚影响力。

类似的互惠跨界合作巩固了时装产业的基础。19世纪晚期，伦敦的一流高级时装设计师，比如露西尔，纷纷为舞台上的顶级女主角们提供服装，以此获得免费的宣传，增加自己产品的曝光度。这种操作继续发展，设计师们开始为电影设计戏服，比如纪梵希为奥黛丽·赫本1961年的电影《蒂凡尼的早餐》设计的那件标志性的高定礼服，又比如让-保罗·高缇耶1997年为电影《第五元素》(The Fifth Element) 设计的卡通化的前卫科幻戏装。最关键的是，演员和名流们会在他们的私人生活中穿着某些时装，让人们更加认定某位特定设计师的作品与名流们的生活密不可分。当美国电影艺术与科学学院奖①这类全球关注的盛事来临时，设计师们则要使出浑身解数争夺为明星提供服装的机会。《问候》(Hello) 这类杂志会追随早期好莱坞影迷杂志的方向，进一步模糊明星公众与私人状态的边界，它们拍摄名人在家中的照片，并在旁边罗列出明星们身着所有服饰的品牌信息。

时装产业和它这些"盟友"间方方面面的相互依存，常被诟

---

① 又名"奥斯卡金像奖"。——编注

病为是在创造千篇一律的可认同身份。尽管这些批评一定程度上是中肯的，因为苗条、白皙和年轻无疑是主流的形象，但时尚同时也不停地探索着许多边界。时尚和潮流杂志本身就是孕育它们文化的一部分，因而反映了人们对种族、阶层和性别等更多元的态度。时尚杂志代表新事物的定位，以及它们对一流作者、形象策划人的强大吸引力，同样意味着它们能够提出全新的个性，并为读者创造出一次逃离日常生活的机会。1930年代，美国版《时尚》(*Vogue*)倡导富有活力的现代女性形象，将暗示自由和激情的夸张的女飞行员图片与上班着装的实用建议刊载在一起。1960年代，英国刊物《都会男士》(*Man About Town*)会为它给男性读者的时尚生活建议配上身着精致利落西装的男士图片，照片背景是鲜明的都市场景。1990年代后期俄罗斯版《时尚》中极尽奢华的高级时装则成为让人们暂时忘掉经济危机烦恼的梦幻之境。

　　每一种出版物都形成了自己的风格，竭力吸引着读者，并为读者们的时尚地位提供了一种标记。20世纪早期，《皇后》(*The Queen*)杂志代表了优雅的精英范儿；1930年代，主编卡梅尔·斯诺和艺术顾问阿列克谢·布罗多维奇打造出高级时尚杂志《哈珀芭莎》(*Harper's Bazaar*)，以富有冲击力的文字、图片和插画节奏夸张地呈现出现代主义优雅形象；而1990年代在比利时安特卫普出版的《A杂志》(*A Magazine*)，请来马丁·马吉拉等一众前卫设计师作为各期杂志的"策展人"。商业出版物提供了近似于多数报纸杂志报道的梦幻气质的替代品，也在联结时尚各个不同元素上发挥了同样重要的作用。19世纪出版的《裁缝与裁工：时装行业刊物与索引》（*The Tailor and Cutter: A Trade Journal and Index of Fashion*）刊载了许多实用信息和技术讨论文章。1990年代之后，以世界全球潮流互联网（WGSN.com）为代表的网站媒体，已经能够海量整合世界各地分站的行业顾问对未来潮流的预测，以及关于全球各个城市的街头时尚的报道，而这些资讯让时装产业能够即时获取新兴潮流和发展信息。

时尚杂志创造的图像与文字、人体与服饰、社论与广告等的拼贴，为读者制造了一个能够遁入其中的纷繁空间。它们建立起一座视觉消费的王国，在那里甚至是纸张也力求能给读者带来多重感官体验，不管是法国著名杂志《她》（*Elle*）平滑而有光泽的用纸，还是《新杂志》（*Another Magazine*）的纹理材质插页。虽然时尚杂志总是迅速过时，它们却是同时代文化和社会发展的记录，并将时装产业的商业规律和它自身在全球视觉文化中无形的推动作用统一到了一起。杂志不只是报道各类时尚内容，在很多人眼中，它们本身就是时尚。插画和摄影艺术为服饰增加的含义有时也将它们转化为时尚。一面是服装的日常现实性，一面是插画家妙笔生花或时尚大片点石成金所制造出的幻象，种种新观念在这个层面之间不断地产生影响。这些新观念渗入当下的风俗，但又不断地突破固有观念以提出增强的现实或超现实主义叙事方式。

在下面这幅19世纪早期时装图样中，画师简化了他的速写线条，呼应了时髦廓形简洁的特质。图样选取中心人物的背面视角,画面焦点落在女士身上仿古典式的垂坠打褶裙装,并以她围裹的明艳红色长披巾强调了这一形象。男士外套身后收窄的燕尾也在他以古典"裸体"为灵感的裸色马裤对比下凸显出来。画中还有许多时尚细节,如男人们极为时髦的鬓角,席地坐着的女士头上猩红色的小帽,都被置于这幅插画的叙事之中。时装图样给服饰增加了情绪和语境,原本仅在下单时作为制衣师或裁缝们模板的简易插画的原始信息开始得到丰富和提升。图样创设的环境能够营造出一种自在闲适的优雅感觉,把时装和更多样的风尚联结在一起,在这幅画中画师选择了当时人们对热气球的迷恋。

图10　1802年的一幅时装图样,展现了这一时期仿古典式的时装风格

发端于19世纪中叶的时装摄影也发挥了类似功能,增加了在真人身上展示服装这一元素。如果说时装生产在努力平衡时尚难以预测的天性,那么时装影像则在赞美时尚的模糊性。图像在时装的建构中扮演了核心的角色,它展示了不同风格的时装上身后的效果,并将与特定服装相关的动作与姿势编入目录。

美国摄影师托尼·弗里塞尔这幅1947年的摄影作品说明了简单普通的日常衣着是如何通过图像得到改变的。弗里塞尔没有将这件网球服展示在它通常会出现的球场环境里,而是将模特置于一片突出的山地景色中。自然光线里,裙子亮白色的面料光彩熠熠,利落的廓形在阳光中进一步凸显。在观者眼中,模特的身份无法识别。她将头转向山景的一侧,身体姿势强化了她健康运动的形象,但又表现得十分自然。阳台的曲线将模特和线条流畅的现代建筑联系起来,为她营造出一个传递着自然与人工两种高级质感的场景。时尚编辑对模特的挑选,对拍摄造型的设计——干净的橡胶底帆布鞋和及踝短袜、清爽的发束、身边随手放置的羊毛衫,都加强了弗里塞尔布景和构图投射出的漫不经心的悠然。这样,成衣因此情此景被赋予了一种其原本缺乏的时髦气势的光彩。

这些相互交织的产业周旋于生产商和消费者之间,因而创造出各种各样的"时尚"显现点。这些点都是循序渐进、不断累积的。约翰·加利亚诺所受过的时尚训练、他的经验和个人直觉使得他最初的设计中就包含了未来的风尚,而后经过不断演化,这些风格得到不断加强。与他一起在迪奥高级定制工作室共事的

图11　托尼·弗里塞尔1947年的时装摄影作品，身着网球服的模特置身于一片突出的风景之中

那群技艺娴熟的能工巧匠进一步促成了高级时装时尚可信性的传统，这一传统已经薪火相传了几个世纪。通过精心设计和布置的环境、对模特和造型的戏剧化调度，加利亚诺用自己的时装秀向时尚界的各路人士展示着自己的风格主张。时尚媒体们秀后便开始强化并且可能重新阐释加利亚诺的时尚风格，采取的方式

是刊发描述核心潮流的文章，并将加利亚诺的设计作品与他的同侪们进行对比。无论是广告和报道照片，还是零售终端和橱窗陈列，都将加利亚诺的作品认定为时装，并提出多种方式以激发人们对如何穿着这些时装的想象。

我们很难确定服装具体在哪一个时间节点摇身一变成了时装。对于加利亚诺，或是更早期像20世纪中叶的巴伦西亚加这样的高级时装设计师们来说，时尚风格的诞生一方面要通过他们的设计实践，另一方面也仰仗他们的设计作品被传达给大众时所使用的一系列宣传和广告攻势。1930年代至今的成衣和高街时尚产品也是一种类似的综合体，它们既有逐渐确立起来的时尚可信性，又有时尚媒体的验证，还有通过衣饰给人带来丰富灵感启发的无形能力，这将服装和身体的典范与当代文化的其他领域联系在了一起。

第四章

购　物

　　2007年CDG在华沙开出一家新的游击店①。根据计划这间店只会在这里运营一年,以作为品牌类似的"快闪"店项目的一部分。第一家游击店2004年在柏林东部开业,接下来品牌又在巴塞罗那和新加坡开设了相似的短期精品店。每间店都独具个性,又与它所在的环境相协调。华沙店完整保留了选址原本的苏联时代果菜店外观:绿色的瓷砖,不平整的抹灰,粗糙墙面上还有家具配件扯掉后留下的痕迹。整个空间的美学延伸到了"陈列橱柜",这些柜子都是苏联时期的家具,被安装后用来放置品牌的产品。它们杂乱无章地贴在墙上;抽屉被拉扯出来,歪歪斜斜,半开着露出里面晶莹的香水瓶;破损的椅子从天花板上悬垂下来,破旧的坐垫上摇摇欲坠地摆放着各式鞋子;服装悬挂在光秃秃的金属横杆上;灯饰上垂下的电线拧作一团,盘踞在地板上,一半隐没在堆叠起来的家具之下。

　　整个布置营造出一种被遗弃的贮藏室的效果,店主似乎匆忙逃离,只留下满屋的服装配饰。这种氛围是店铺地理位置与历史

――――――――――
　　①　一种在商业繁华区设置临时店铺,于较短时间内推广品牌的商业模式。――编注

图 12　2008 年 CDG 华沙游击店内部设计，看上去如同一场现代主义家具展

背景的一种象征。这样的变革也让人们改变了曾经只买需要的，或者说只能有什么买什么的消费习惯，转而开始在丰富的商品选择中消费自己梦寐以求的东西。店铺打造出的潦草感同时也呼应了游击店的本质，即它会突然占据某一城市空间。实际上这已经是品牌在华沙的第三个化身，第一次尝试是 2005 年在一座桥下的废弃通道里完成的。

　　尽管这些店铺看似偶然又毫无章法，它们却是 CDG 在时装零售业保持自己前沿地位的精心策略的一部分。一部分店铺只营业几天，有的则持续一年；所有的店铺均未进行广告宣传，除了以电子邮件告知老顾客，或者在开设当地张贴几幅海报，而最关键的是靠人们口口相传。这些过程仿效了亚文化的传播效果,只需告知小圈子内的舆论制造者,而这一群体其实早已认可品牌在时尚行业里代表前卫风格和设计的先驱者地位。游击店为自己的产品营造出一种独特、神秘又刺激的氛围。这种氛围促进了一种感觉,即来访者有知情的特权,让他们认为在这里购物也是参与了一场半私密的活动。通过强化欲望、生活方式和个人身份,品牌以此切入了21世纪早期高级时装消费主义中的关键元素。照此,这家游击店再次如各种街头文化一般,在彰显个性的同时又表明了自己属于某一群体。它主张购物其实是一种体验,对这间店来说,人在其中犹如参观一家小型画廊。重要的是,它以一种贯穿品牌知识分子精神特质的方式树立品牌形象。CDG显然拒绝了许多时尚广告与销售行为中那些过度且颓废的东西,同时针对品牌核心客户拥有一套精明的营销策略,也不断吸引着充满好奇的"路人"。

1980年代开始,设计师川久保玲就开设了一系列极具创新性的店铺。她早期的精品店中节约而格局紧凑的空间沿袭了传统和服店的美学理念,将服装产品整齐叠放在货架上。除此之外还通过只陈列少量产品来创造出一种虔诚的感觉,让购物者能够关注产品的细节和整体包装。她的竞争品牌以及像盖璞和贝纳通(Benetton)这样的高街品牌仿效了这种做法,也开始运用木质地板、纯白墙面,把毛衣成堆叠放在货架上,并精心布置强化空间感和利落线条的挂衣杆。

川久保玲和她的丈夫阿德里安·约菲2004年在伦敦开张的

"丹佛街集市"则另辟蹊径,在整栋建筑物中的许多不同空间中精心展示各种时装和设计品牌。在某一层,更衣室被设置在一个巨大的镀金鸟笼之中;另一层上,服装却和花卉绿植、园艺工具组合在一起。川久保玲为"丹佛街集市"赋予了灵活性和多样性的概念,她在店铺的网站上写道:

> 我想创造一种集市,在那里不同领域的不同创造者能够聚集、相遇在一种持续的美好而又混乱的氛围中:共有强烈个人审美的不同灵魂在这里交汇,齐聚一堂。

这一氛围恰如一个19世纪集市的现代版本,充满了一大批不断变化的独家时装产品线和不拘一格的物件。

跟CDG更为稳定的精品门店比起来,"丹佛街集市"这样的经营模式强调了现代零售业的多样化和灵活性。在饱和的市场环境里,所有的设计师和时装品牌都必须突出自己的个人特征才能建立稳固的消费群体。CDG代表了这一经营模式的前沿,它所采取的这些方法令人不禁想起更早年代的行业前辈,不管是19世纪清楚一定要给商品制造视觉冲击力的百货商场经营者们,还是20世纪早期将自己的沙龙打造成反映个人服装风格的私密感官空间的高级时装设计师们。

零售业的发展

文艺复兴时期,纺织品与镶边配饰仍旧从集市和众多流动商贩手中采买，这一传统延续了几个世纪。蕾丝、缎带以及其他配件要么被带到乡间四处兜售，要么批发给本地商店。规模稍大的村子里会有贩卖羊毛和其他材料的布商，城镇里会有销售高级丝绸和羊毛的女帽店。本地裁缝和鞋匠则会生产衣服和配饰，一件衣服的各个组成部分需要从不同的商店采购来再由匠人制作，因此，购置服装极有可能是一个漫长的过程。各个国家的购买模式也有所不同。在英国，为了买到更时髦的服装，人们经常前往附近的市镇或城市。然而在意大利，地方各自为政、地理分离破碎的境况使得不同区域间的差异更为显著，因而造就了各个村庄中种类更加丰富的店铺。

全球纺织品贸易已发展成形上千年，国际商路跨越亚洲、中东直达欧陆。人们举办大型市集来向商贾和小贩购买及销售面料，他们会不断流动，前往布鲁日或日内瓦，或者去每年举办三次集市的莱比锡，又或者前往利兹的布里格市场。17世纪时，英国及荷兰东印度公司强化了与亚洲之间的商贸联系。到18世纪中叶，诸如印度棉布等已经成为日常面料。当时印度棉布相当时兴，更重要的是它既便宜又耐水洗，因而大幅提升了各个阶层人们的衣着清洁程度。得益于航海运输的改进，这些商品能够跨越全球运送。同时，对于时髦面料的需求激增，因为越来越多的人希望自己能够衣着时髦体面，能够符合当代社会外表和行为举止的典范。这些东印度公司用不断推新变化的织物设计，国外进口的丝绸、棉布、印花布等满足着人们的欲望。商人们鼓励时尚先锋们穿着自己的最新商品参加会被时尚杂志报道的时髦社交活

图 13 伦敦街头集市的二手衣物贸易已经持续了几个世纪

动,以此来推广新的时装。伍德拉夫·D.史密斯曾记述了东印度公司如何安排印度工匠开发更多热门设计,然后随着时尚从巴黎传播出去而将这些时装卖遍欧陆。正如丹尼尔·罗什在提到法国裙装变化时所说的那样,到18世纪末,大体上购物者可选择商品的门类远为丰富,"但是一切与外表展示相关的东西,无论是社会还是个人需要,都增加得更多"。

纺织品和服装一度较为昂贵,被当作仆人月例的一部分来发放,并在家人手里一代代留传下来,也会在二手商店、集市一环接一环地出售,直到它们变成破布或者再生成纸张为止。随着18世纪耕作方式得到改进,财富分配有所提升,更多人想要购买时尚服饰,起码能让自己在礼拜日穿得最为体面。店主们开始在陈列展示产品以及服务顾客上花费更多时间。到了1780年代，平板玻璃橱窗的使用让陈列更加引人注目，店内的装饰陈设也开始愈发精致起来。时尚购物已然逐步塑造起城市的地理。伦敦的考文特花园成为第一个时尚郊区，伊尼戈·琼斯操刀设计的广场上进驻了各类布料商和制帽店，这些店铺在1666年的"伦敦大火"之后搬到了城西。在巴黎，皇家宫殿完成改建，某种意义上成为第一家专门打造的购物中心，沿着宫殿花园的四周，一排排小型商铺和咖啡馆延展环绕。广告和营销手段也在同步发展。传单上夸耀着某家店的各色成衣服饰，或是丰富的面料选择；时尚杂志里刊登着对最新款式的细致描述和精美插画，企业生产商和销售员们则极力鼓动时尚引领者们穿着自家产品出现在公众眼中。自文艺复兴起，购物与人们逐渐增强的个性意识一道携手前进。时髦裙装提供了在视觉上表达个性的手段，而清楚时装应该在哪儿买、怎么买则是达成目标的关键。托拜厄斯·斯摩莱特等小说家们讽刺了人们试图打扮得富有吸引力、时髦，同时试图使自己看起来高于自己的地位的行为。斯摩莱特察觉到了日益发展的消费文化，而这一文化在接下来的世纪里将繁荣兴旺。

购物的发展

1800年代早期，小型的专卖店仍旧十分重要，不过在大型公司兴起后大范围的商品和服务才聚集起来，这预示着购物将进入一个全新的时代。阿里斯蒂德·布西科1838年在巴黎创办乐蓬马歇商店，到1852年时它已然演变成一家百货公司。它把面料、男士服饰还有其他时尚产品集合在一起，并且通过在店内设置餐厅为购物引入了一项强烈的社会元素。布西科开发出多种顾客服务，这进一步促使人们意识到店铺员工与顾客间关系的改变，以及顾客与使用店铺之间关系的变革。他固定了价格，并在所有商品上进行标注，这样一来就省掉了讨价还价的必要，同时他也允许退换货。乐蓬马歇百货是最早的一批百货公司之一，另外还包括曼彻斯特的肯德尔·米尔恩，它由1831年的一个集市演变而来，以及纽约的斯图尔特，它由1823年的一间小布料店逐步转型而成，到1863年时已在纽约百老汇这一主要时装购物区稳坐头把交椅。这些百货商店演变出越来越成熟复杂的销售技巧。店铺欢迎顾客在店内随意浏览，循着精心设计的路线穿过店铺各楼层，走进店内的咖啡馆和餐厅，或是驻足观看店中安排的娱乐活动。购物首次变成了一种休闲的追求，专注于在一个时髦而令人安心的环境之中消遣时光，当然还希望顾客能花费金钱。

女性作为百货公司的主要目标，常常被它们精心布置的橱窗陈设中突显高级面料的光效、货品的丰富色彩和质感深深吸引，不觉间踏进这些精美的建筑。从前的中产阶级和上层阶级女性是不可能单独购物的。即便有女佣或随从的陪侍，某些街道在一天中的特定时段也在她们的活动边界以外。比如，伦敦邦德街的店铺主要是面向绅士们的，女士如果下午前往的话会被认为非常不得体。这些小心谨慎的礼法规定被百货公司慢慢侵蚀，它们鼓励女性在那里进行社交往来、任意走动浏览，苏珊·波特·本森曾引用波士顿一位店主爱德华·法林的话，称其为"没有亚当的伊甸园"。这不仅赋予了女性更大的自由,更塑造了作为消费者的她们。埃丽卡·拉帕波特以一种模棱两可的表述描绘了这一改变。维多利亚时代人们心中理想的女人应该一心系在家人和家庭上。女性顾客出门为她们的孩子和丈夫采买东西可以被看作是在关注这些家务事,另外她们也会给自己购买能够彰显她们家世身份和品位的时装。然而,外出购物同时意味着离开家中的私密环境,前往城市中心地带,置身先前男性主导的公共领域之中。购物同样更关注人的感官体验,而非那些更加高尚的女性消遣活动。用拉帕波特的话来说,这是城市作为"享乐之地"发展过程的一部分,在其中"购物者被命名为享乐的追寻者,由她对商品、场景还有公共生活的渴求来下定义"。时装因此给人带来了一种矛盾的体验。购买服装、饰品和男士服饰用品能让女性在19世纪不断发展的城市场景里占据一片新的空间,同时又潜移默化地引导她们接受一种注重矫饰和欲望的生活方式。店家们努力让自己的陈设尽显诱惑力,煽动女人们放任自我在他们的店面之内消磨整日,或是在大型市镇和城市里集聚的各类店铺之间流连。

　　每一家店铺都确立起自己独有的特性,志在招徕被自家风格和琳琅商品吸引的顾客们。这样,自由百货于1875年在伦敦开业,店内销售从东方异域运来的家具和各类器物,同时还有"唯美"服装,灵感源自古代的宽松长裙,这在盛行的紧身束身衣之外给人们提供了全新的选择。一些百货公司还在其他的市镇或城郊开设分店,其中就有1877年全英国首家专门设计建造的百货公司，即位于伦敦南部布里克斯顿的乐蓬马歇百货。还有一些百货公司在时髦的海边度假区开设分店，比如马歇尔和斯奈尔格罗夫百货的斯卡伯勒分店，这家店只在假日季营业。百货公司的扩张把时尚商品带给更广泛的人群。大多数百货商店都拥有自己的制衣部门，在19世纪后半叶成衣普及后，它们也开始大批销售成衣系列。百货商店全力构建着与顾客之间的关系，通过服务、品质和价格赢得顾客的忠诚。

这些发展不但改变了人们购买面料和服饰的方式，同时还塑造了大众对于应该如何举手投足、穿衣打扮的观念。店铺的广告向人们展示着可被接受的审美标准，并宣传着时尚个性的典范。这些都基于时装的不断传播以及人们融入消费者社会的渴望，而消费者社会在世纪之初便已成形。尽管百货公司代表了资产阶级的理想，它们却向更广泛的人群敞开着怀抱。1912年塞尔福里奇百货在伦敦成立，它沿用了美国的方式，搭配公司标志性的绿色地毯、纸笔、货车，还设置了一个极受欢迎的"特价地下区"。百货公司开放式的设计让更多群体的人们可以走进其中，自由浏览。虽然奢华的店铺也许吓退了一些购物者，但仍有人愿意努力为这些店中的奢侈品攒钱，店中顾客的尊贵身份和时髦风格让他们无限向往。到了1850年代，公共交通方式的发展使得乘坐公共汽车和火车出行购物更加简单和便宜。大型城市中的地铁交通让这一过程变得更加轻松，也鼓励人们把"购物一日游"当成一种愉快而又便捷的放松与娱乐方式。

百货商店极力吸引着顾客，它们综合运用盛大的时装秀以及令人兴奋的新科技，前者把法国时装的魅力展现在更多受众面前。1898年，伦敦哈罗德百货安装了第一批在楼层间运送顾客的电动扶梯，引来大批民众并被媒体广泛报道。20世纪早期，美国商店纷纷举办系列法国时装秀，真实的模特们在错综复杂的伸展台上穿行，在精心布置的灯光下散发着光彩。这些华丽表演的名字让人想到它们那颓废与奢华的氛围。1908年，费城的沃纳梅克百货举办了一场以拿破仑为主题的"巴黎派对"（Fête de Paris），呈现了法国宫廷的生动场面。同时，1911年纽约的金贝尔斯则办了一场"蒙特卡洛"活动。店内的剧场建造起地中海风格的花园，安置了轮盘赌桌和其他道具，让成千上万的到访者感受到了真实的里维埃拉奢华风情。

百货公司把时装带给普罗大众，从布拉格到斯德哥尔摩，从芝加哥到纽卡斯尔，不断在时尚购物地区开业，尽管如此它们依然远远不是时装唯一的来源。精英们依旧定期光顾那些为自己家族世代服务的皇室制衣商和定制裁缝。微型的专业商业中心繁荣如常，且常顺着新的潮流不断涌现。譬如20世纪早期人们对镶着羽毛的大帽子的狂热，促使商店开始销售鸵鸟羽毛等镶边装饰。变化的风格和流行的饰物同样吸引着男性顾客。除了向富有男性销售珠宝和饰品的奢侈品店，还出现了面向年轻男性的商品，这一群体迫不及待地想要花掉自新兴的白领工作中赚得的金钱。和女性时装类似，舞台上的名流们也推动着男性时装风格的传播，此外还有越来越多的银幕明星以及运动明星。领带、领结、领扣、袖扣众多颜色和图案的不断变化，为每一季的男士套装带来了活力。

　　邮寄购物则是另一项重大发明，特别是在美国、澳大利亚和阿根廷这样国内城市间距较远、亲自前往购物比较困难的国家。百货公司都有各自的邮购销售部门，这主要得益于邮寄包裹业务的改进和有线电话的采用。芝加哥的马歇尔沃德百货拥有可谓业内最知名的邮购业务，它的产品目录用不断丰富的面向所有家庭成员的成衣时装吸引着美国人。运输方式的改进同样推动了这一行业，货物先后被运货车、马车运送，再到后来坐上火车。

　　因而到了20世纪的前几十年，消费主义已经发展到覆盖了不同性别、年龄和阶层的广泛人群。随着1920年代大规模生产的方式得到改良，市场上销售的时装和饰物品类增长得也更加迅速，面对日益激烈的竞争，商店必须努力高效地销售这些商品。已经立足的百货商店和专卖店此时又加入席卷西方国家的"联营店"（"multiples"），它们可以被看作连锁店的一种早期形态。美国的连锁分店开始销售借鉴好莱坞影星服饰的价格低廉的时装，在全国广受欢迎。在英国，赫普沃斯公司从1864年建立时的裁缝铺逐步发展到在全英拥有男装门店的规模，并且仍旧在持续经营，如今已演变成了囊括男装、女装和童装的连锁商店奈克斯特。连锁商店具有集中采购和制度化管理两个优势，可以确保价格实惠的同时管理市场营销和广告活动。它们力图打造一种统一的格调，包括店面设计、橱窗以及店员制服。20世纪后半叶，连锁店的统治让人们对同质化大为诟病，而且讽刺的是消费者真正的选择变少了，但是熟悉的各个品牌在各自的分店里为消费者稳定供应着款式、质量相同的货品,这给消费者提供了保障。

与之相反的是,高级时装设计师将沿袭几个世纪的传统和当代创新方式结合起来,继续销售着他们的设计作品。客人们享受着一对一的服务和个人定制,高级时装沙龙还合并了精品店以出售成衣线早期风格的产品,还有为取悦自家这些精英顾客而特别设计的香水以及各种奢侈品。不管是只为私人顾客开放的高级时装沙龙,还是时装秀期间的精选店买手及他们的精品店,都运用了现代设计和陈设技术来彰显它们的时装潮流。1923年,玛德琳·维奥内重新改造了她的时装店,运用了流畅的现代主义线条和古典风格的壁画。自1930年代中期开始,艾尔莎·夏帕瑞丽着手打造了一系列超现实主义的橱窗陈列,有力宣传了她设计作品中的才思。上面两个例子中,这些艺术借鉴都与她们的服装设计理念息息相关,也跟她们的品牌精神、整体包装和广告宣传遥相呼应,为消费者创造出能够一目了然的连贯的品牌风格。

高级时装设计师们需要投射出一种专属形象,为每一件挂上他们名号的产品都笼上一层奢华的光环。尽管时装已经逐渐成为全球成衣销售行业的一件工具,许多商店依旧认为巴黎是时装新风格的重要源头。例如,美国百货公司和时装店每季都会派出买手前往法国首都采购一批"款式",他们会取得相关许可,对这些服装进行限定数目的复制并在自家店内销售。这些设计在店铺在售的系列中将拥有最高时尚地位,此外还有大致参考巴黎流行趋势设计的其他服装,以及不断增加的化用法国风格的本土设计师作品。买手们因而扮演了一个至关重要的角色,因为他们需要理解自己所代表店铺的时尚形象和顾客的喜好。保持店内货品不断的新鲜感对于店铺可谓至关重要。1938年，梅西百货副总裁肯尼斯·柯林斯写信给致力于促进美国时装发展的时装集团（the Fashion Group），信中说道：

> ……零售业有一条至理名言：时装商业的成败取决于商人迅速加入最新时尚潮流以及在潮流衰退时同样迅速脱身的能力。

这种新潮款式的快速更新是时装产业的立足之本。

萨克斯第五大道精品百货这样的大型百货公司都会开辟几条针对不同消费者的产品线。从1930年开始，公司销售起老板夫人苏菲·金贝尔设计的独家奢侈品，并以"现代沙龙"为品牌名称，此外还有她为公司专门从巴黎挑选的时装。后来又有了各种类型的成衣线，包括运动服饰以及以年轻女大学生为目标人群设计的服装，也有类似的男性时装产品。所有这些系列综合起来为萨克斯赢得了时尚口碑，充分展示了公司在为所有客户群体提供美好衣饰上所体现出的审美和眼力。这些系列在店中专门设计的区域里销售，以反映自己的受众及目标，公司还会在每年的几个关键节点在时尚杂志和报纸上投放广告，促使销量最大化。

大萧条时期，许多店铺无奈之下暂停派人前往巴黎，并越来越依赖本土发展起来的时装。尽管经济低迷，《时尚》和《哈珀芭莎》这些时尚杂志依然为各种规模的店铺投放广告。不同国家版本的《时尚》中类似"店铺猎手"这种专栏不断怂恿着女性出门购物，并规划好"最佳"的购物区域还有最时髦的精品店和百货公司。设计师和商店通过各自的媒体代理人与时尚媒体构建起密切联系，这些代理人努力争取杂志里的广告版面和专题报道。这种关系在接下来的几十年中不断延续。不过，第二次世界大战以及随之而来的物资短缺中断了商品的流通和供应。尽管大多数被卷入战争的国家都面临着供应短缺因而只能定量配给，许多国家仍然坚持把消费用品的梦想作为激励人心的远景。

随着经济在1950年代恢复，新的举措开始发展起来。其中一个关键例证就是伦敦的设计师自营精品店在这个十年接近尾声时大量增长。这些店充分说明，只要充分理解受众，知道什么样的衣服是他们想穿的，就算是小规模的从业者也能推出时装。比如，玛丽·奎恩特对当代时装现状的失望促使她于1955年在伦敦国王大道开出了自己的"集市"，她对当代时装现状有着自己的困惑：

> 一直以来我都希望年轻人能拥有属于他们自己的时装……彻头彻尾的二十世纪时装……但我对时装商业一窍不通。我从不把自己看作设计师。我只知道我一心想要为年轻人找到合适的衣服，以及与之搭配的合适的配饰。

奎恩特女士制作出许多有趣的服装：娃娃裙、灯芯绒灯笼裤，还有水果印花围裙装，这些服饰帮助塑造了这一时期的时装风格。她与同时期的设计师们培育出的模仿者遍布全球,渴望能够利用这股年轻人驱动的大规模生产服装的潮流。她也给未来的设计师-零售商们提供了一个发展样本,他们将来会通过为新兴青年文化设计服装而在全球树立声望。薇薇恩·韦斯特伍德和马尔科姆·麦克拉伦的店铺也开在国王大道上,它们变换着店铺的内外设计以及在售服装的款式,与不断演变的街头潮流保持一致。1970年代早期店铺为售卖以"不良少年"为灵感的西装的"尽情摇滚"(Let It Rock),到1970年代中期变身为崇尚硬核朋克美学的"煽动分子"(Seditionaries)与"性"(Sex),最后化身为"世界尽头"(World's End)——一间"爱丽丝梦游仙境"风格的精品店,地板肆意倾斜,时钟指针倒走。韦斯特伍德的设计和零售环境风格皆是不断流动变化的亚文化的一部分。不同的时装风格随着音乐、街头文化,还有与时装相关的艺术界的前进而涌现、变化。这种灵活性为她的店创造出一种令人兴奋的群体感与流行感,汲取自各种亚文化中的"自己动手"精神进一步强化了这一气质。正如1960年代奎恩特女士的店面,它证明了精神气质一致的店铺可以聚在一起促成生意,同时也能巩固这一区域的时尚口碑。21世纪早期,纽约的字母城也出现了设计师制衣商在同一区域密集开店、荟萃一堂的盛况。

确实,西班牙连锁品牌飒拉以糅合经典款和大牌走秀款而闻名,其商业成功建立在品牌对购物区这种有机发展的战略洞察的基础上。自1975年开出首家门店起,飒拉已经扩张到全球,在高街时尚的竞争中压倒了其主要对手。每家飒拉门店都设计得像

图14 飒拉门店与大牌精品店外观相似，运用开放的临街位置与精心调配的展示吸引消费者走进店中

大牌精品店，主题鲜明的服装和配饰搭配成组，为消费者展示各种穿搭建议。连锁店隶属于印地纺集团，集团旗下业务还包括麦西姆·杜特（Massimo Dutti）、巴适卡（Bershka）和飒拉家居。它采取的策略通常是先开一家大型飒拉门店并按照旗舰店模式运营，从视觉上呈现品牌精神，而后相邻开出集团其他分支品牌的店铺。这样的安排鼓励购物者在不同店铺间来回走动，购买印地纺旗下的不同品牌，同时又能让顾客亲自感受到每一家的服装、配饰和家居软装是如何相互搭配补充的。与此相联系的是飒拉对时装流行趋势的快速反应，它有一支小型的设计团队和一个紧

密的生产体系,这使得新款式被发掘后能够快速转化生产出新的服装,并且在人们了解这一新潮流后不久便迅速送达各个门店。

　　其他国际品牌则依靠自有设计团队的能力来打造平价时装,并配以名流和最新款式系列。海恩斯莫里斯推出了许多联名系列,有些来自维克多与罗尔夫、斯特拉·麦卡特尼、卡尔·拉格斐这样的设计师,也有的出自麦当娜和凯莉·米洛这样的流行音乐明星。这些合作时装系列通常只持续非常短暂的一个时期,引来大量媒体竞相报道,并在系列发售时吸引大批购物者排队等待购买。这一方法的成功类似于20世纪高级时装设计师的成衣线与授权生产。高级时装的光环被用来提升各类面向大众店铺的时尚感,不管是美国连锁商店塔吉特(Target)还是英国时装零售商纽洛克(New Look)。这类合作里面最著名的大概是超模凯特·莫斯与Topshop的联名,这家英国的连锁店从1990年代后期就开始引领着高街时尚的发展。这是一次有趣的开发,它将明星的个性特质、时装风格和独有的光环转化为品牌遍布全球各地分店里的常规产品系列。系列中的服装仿效了莫斯私人衣橱中的单品,既有古董服装又有设计师作品。莫斯自己就堪比一个品牌,用来营销这些产品,甚至还启发了新的装饰元素,其中就包括她背上那对燕子文身,这一图样如今已然装点在牛仔裤、衬衣等各种服装上。名人与时装之间的联系起码自18世纪以来就十分明显,如今这种联名合作更是前所未有地深化了这一联系。

　　这一合作充分展示了20世纪晚期以来奢华服饰与大众时装之间愈来愈模糊的界限。在英国,凯特·莫斯联名系列在Topshop自营的高街店铺进行销售，人们因此将其视为某种由时尚引导却毫无疑问是大批量生产的抛弃型时装世界。纽约则不太一样，这些系列只在独家精品时装专卖店巴尼斯发布，被赋予一种专属奢华品牌的气质，与全球各地知名高级时装设计师品牌一起售卖。

这种高级时装与大众时装的混淆，实际上是过去150年来成衣时装不断发展壮大以及高街时尚产品强大的时尚化设计理念共同作用的结果。当消费者们更加自如地将古董服饰、设计师时装、廉价高街服装还有自己在市场上淘来的单品混搭在一起时，这些服饰品类的分界在某种程度上已然消解。虽然价格依旧是最显而易见的差异，但差异更多地体现在消费者将它们搭配出有趣而充满个性造型的能力，而不是坚守哪种衣服更加体面的固有观念。这一变化不单单体现在高街时尚的发展上。1980年代起，奢侈品牌开始扩张自己的领域，从只为精英服务的小型精品店发展到建立在大城市里的巨型旗舰店，同时也开始在免税店和专门销售过季超低价时装的购物中心里售卖自己的产品。

20世纪晚期，像古驰（Gucci）这样的奢侈品牌已经发展成为庞大的企业集团，并很快将远东地区认定为自己产品的重要市场。商店不仅开设在日本与韩国主岛，还同样开设在时尚人群的度假胜地。包括夏威夷在内的旅游目的地的酒店汇集了各家奢侈精品店，以供年轻富有的日本女性购物。综合的广告大片中，博柏利和路易威登这类老牌特有的经典传承与克里斯托弗·贝利、马克·雅各布这些新任年轻设计师为品牌强化的前卫时尚形象得到了恰到好处的平衡。包括高端电商网站颇特女士（net-a-porter.com）在内的线上时装商店使得购买这些大牌时装更加简便。许多网站采用了杂志式的排版，提供独家商品、时尚新闻与风格参考，展示最新时装系列的大片和视频，并就如何打造全身造型提出建议，所有显示单品都附有购买链接。

到了21世纪之初，东方已经成为大众服饰和奢侈品时装的中心。这里既制造着供应本地市场的服装产品，也供应着全球大部分其他地区的产品线，日益富裕起来的市民对购买时装也热切起来。先后担任古驰和圣罗兰创意总监的汤姆·福特，认为这标志着时装的国际平衡出现了根本性变革。达娜·托马斯在《奢华：奢侈品为何黯然失色》（*Deluxe: How Luxury Lost its Lustre*）一书中引述了福特的评论：

> 本世纪属于新兴市场……我们（的事业）在西方已经到头了——我们的时代来过了也结束了。现在一切都关乎中国、印度和俄罗斯。这将是那些历史上崇尚奢华却很久没有过这种体验的众多文化重新觉醒的开始。

然而，时装产业各个领域的全球化进程引发了一些道德议题：一方面，远离公司管理中心进行生产制造活动可能存在劳动力压榨问题；另一方面，大品牌统治世界绝大多数市场后，消费社会带来的同质化结果也引发了人们的担忧。

第五章

道　德

　　1980年成立于美国的善待动物组织（People for the Ethical Treatment of Animals, PETA）如今已成长为保护动物权益的全球压力集团。它发起的运动涵盖了许多与时装相关的议题，强迫人们正视动物产品的使用，例如皮草和羊毛制品。2007年的一张宣传照展示了英国流行歌手、模特苏菲·埃利斯·贝克斯特身着一袭优雅黑色晚礼服的形象。她的面庞妆容精致：鲜红的双唇，白皙的皮肤，化着烟熏浓妆的眼睛。

　　再看下去，这个"蛇蝎美人"的造型就名副其实了：她单手拎着一只惨死狐狸的尸体，它的皮毛已被剥掉，露出猩红的血肉，头颅怪诞地耷拉在身体一侧。下方的标语写道："这就是你那件皮草大衣剩余的部分"，进一步强化了支撑皮草生意的残酷这一信息。这张宣传照的整体美学风格基于怀旧的黑色电影影像，而1940年代的电影女主人公们却经常肩头围裹着狐裘披肩，以作为奢华与性感的象征。PETA颠覆了观看者的期待，让人们不得不直面皮草背后的杀戮和恐怖。

　　其他的印刷品和广告牌宣传照也运用了名人面孔与熟悉图像的类似组合，以及揭露时装产业阴暗面的这种并置所带来的冲

图15　PETA使用醒目的图像与富有冲击力的方式揭露皮草交易的残酷

击。这一组织的目标就是要迫使消费者认清时装大片和营销手段那愉悦感官的表象背后究竟发生着什么，并让人们学会审视服装生产的方式和相关过程。PETA的标语运用极富冲击力的直白广告语言组织出令人记忆深刻的口号，并进入人们的日常口语。典型的例子包括揭露皮草交易核心矛盾的那几句讽刺的双关语："皮草是给动物准备的（Fur is for Animals）"，"裸露肌肤，而不是穿着熊皮（Bare Skin, not Bear Skin）"，还有提倡将文身作为另一种时尚身份象征的"用墨水别用貂皮（Ink not Mink）"。

PETA对动物皮毛这一主题的关注意味着这些作为皮草来源的鲜活生命间的关联将被持续不断地再现。1990年代中叶，它曾做过一场著名的"宁可裸露，不穿皮草（I'd Rather Go Naked Than Wear Fur）"的宣传运动，请来一众超模和名流，她们褪去华服，立于巧妙安排的标语牌后。这些图片按照时装大片的风格设计制作。虽然身上一丝不挂，画中人仍旧被精心打扮和打光，以突出她们的"自然"美。通过模特、演员和歌手们的"本色"出演，她们自身的文化地位和价值观与PETA的宣传号召力之间形成了一种直接的连接。它传递出这样一种信息：假如这些广受欢迎的专业人士都拒绝皮草，那么普通消费者更应该如此。当然也有一些失足之人，比如娜奥米·坎贝尔，她在1990年代末脱离PETA，很快就喜欢上了皮草制品还有狩猎，但这些人也没能削弱PETA传递信息的强大影响力。21世纪初，包括演员伊娃·门德斯在内的一批新人与PETA签约。制作的图像包括名人裸身怀抱兔子的"放过兔子（Hands off the Buns）"宣传图。

PETA 提升了时装产业对动物权利的认知。对于那些被该组织认定对时装中皮草的持续使用负有责任的对象，PETA 成员闯过秀场，洒过颜料，还扔过轰动一时的冰冻动物尸体，此外也推动制定了针对羊毛贸易中对待山羊的新法规。PETA 活动者的工作不仅强调了皮草贸易中不必要的残酷，同时还阐明了皮草如何常被错误地当成一种"天然"产品供人穿着，而事实是绝大多数皮草来自人工养殖，一经从动物身上获取，还需要经历各种化学处理以去除上面粘连的血肉，预制成待用的面料。

尽管 PETA 的目标令人钦佩，但他们所采取的方式引发了更多的道德问题。这一组织对时装视觉语言以及更广泛的青年文化的借用，致使人们指责它打着动物权利的旗号而持续对女性性化剥削。举一个著名的例子：英国"尊重"组织（British-based Respect）1980 年代的宣传图"一顶皮帽子，两个坏了的婊子（One Fur Hat, Two Spoilt Bitches①）"，画面展示了一名模特身披一件死去动物制成的披肩，人们认为这一宣传照全然将女性当成了愚蠢、性感的物件。这种对立给宣传想要传递的信息带来了问题。有人认为这也可以被解读为博人眼球的另一种途径，让人直面穿着皮草这一行为的疏忽，通过令人瞠目的方式使人警醒。然而，为了做到这一点，它采用了主导当代多数广告的极富性意味的视觉方式。这一争议突显了这些宣传中自相矛盾的推动力。在大量的注意力关注一个伦理问题的同时，另一个同样重要的道

---

① "Spoilt Bitches"为双关，"spoilt"有"损坏"和"宠坏"两重含义，"bitches"也有"母兽"和"婊子"两层意思。——编注

德议题也被人们接受并且充满争议地信奉为现状。

时装产业的地位是模棱两可的。它既是一个利润丰厚的跨国产业，是许多人汲取愉悦的源泉，但同时又引发了一系列的道德争议。从对女性形象的描绘，到服装工人被对待的方式，时装兼具代表其当代文化之精华与糟粕的能力。因此，一方面时装可以塑造与表达另类以及主流身份，另一方面它又是如此专制而冷酷无情。时装所热衷的组合与夸大有时会破坏和混淆，或者甚至强化负面行为和刻板印象。时装对于外表的关注导致它常常背上肤浅与自恋的骂名。

坐落于洛杉矶的T恤生产商AA美国服饰（American Apparel）是另外一个典型的例子。公司宗旨自1997年成立之初便是致力于摆脱生产外包，试图打造"非血汗工厂"生产线。与其他专注基本必备款的品牌不同，这一品牌拒绝在发展中国家生产服饰，因为这些地方很难保证对工人权利与工厂环境的管控。相反，AA美国服饰选择用本地工人，通过这样的方式回馈当地社区。品牌店铺请来本土、国内知名的摄影师进行店内展览，店里那些独具个性又都市感十足的基本款在各国市场大受欢迎。品牌的广告宣传强化了其道德认证，关注工人群体，常常请自家店铺中的店员及管理职员来做广告模特。

但品牌运用的图片风格却再一次引发了广泛的批评。AA美国服饰的老板多夫·查尼喜欢一种类似快照式的摄影风格——少男少女的偷拍照，他们常常半裸，对着镜头扭曲着身体。杰米·沃尔夫在给《纽约时报》撰写的一篇文章中曾写道：

这些广告同样充满了强烈的暗示意味，不仅仅因为它们在画面中展示了内衣或是紧紧包裹身体的针织衫。画面中的这些少男少女躺在床上或是正在淋浴；如果他们正悠闲地躺在沙发里，或是坐在地板上，那么他们的双腿则恰好是张开的；他们身上往往只穿着一件单品，否则便是一丝不挂；两三个少女看上去处于一种过度兴奋的欢愉状态。这些画面有一种闪光灯照射的低保真的闷热感；它们看着不像是广告，更像是某个人的聚友（Myspace）主页发布的照片。

这种美学并不新鲜；它借鉴了1970年代南·戈尔丁以及拉里·克拉克的青年文化图像。时装图片也不是头一回运用这种美学：卡尔文·克莱恩数十年来也组合运用了类似博人眼球的年轻模特大片来宣传自己的简洁设计。这一美学渗透影响了各类时尚杂志和线上社交网站，当然也包括AA美国服饰自己的网站，它在页面上将图片按系列划分展示，方便访问者浏览翻阅。因而在这些模特生活化的姿态以及随意的性感中，他们运用了一组熟悉的视觉符号。

AA美国服饰在视觉形象中运用的享乐、性感美学或许会让人以为这是一家面向年轻群体的公司，但它又与传统观念中关注道德议题的"令人起敬"的公司应该被呈现的方式格格不入。就像抵制皮草的广告那样，当一件产品或某个事业被置于道德层面上，对于潜在暧昧且性感的图片的使用尤其容易遭到公众的批判。如果当代价值观中的某一方面被人们提出，它也会提高人们对某一组织或品牌产出成果各个方面中潜在问题的意识。尽管AA美国服饰使用的图片与品牌所面向的年轻群体的口味相投，可与此同时它却运用了业余的情色美学，这种美学广泛影响了21世纪初期的文化。鉴于时装产业的道德地位如此令人担忧，而它在构建当代文化中扮演的角色亦受到重重质疑，人们能察觉到传播手段与表现方式会破坏道德信息和行为也就不足为奇了。

身份与反叛

与时装生产方式相关的道德议题自19世纪晚期以来引发了大量的关注，而推动早期批评的却是时装改变一个人外貌的种种方式。人们的道德担忧主要集中在时装的伎俩上，它既提升了穿着者的美貌或是身份，又混淆扰乱了社会礼仪以及可接受的穿衣打扮、行为举止的方式。时装与身体的密切关系以及服饰对身体缺陷的修饰功能，同时又为身形增添了感官诱惑力，这加剧了卫道士们的担忧：既担忧着装者的虚荣，又担忧观看者受时装的影响。历史上，相比想要赞美时装的文字，有更多文字认定时装意味着自恋、傲慢和愚蠢。比如14世纪的文字和绘画都认为过分注重外貌是罪大恶极，因为不管对男人还是女人而言，这种行为都标志着他们的头脑只在乎表面和物质而对宗教默祷不屑一顾。着装者们用时装创造出新的身份，或是颠覆应当如何着装的传统观念，这意味着时装挑战了社会和文化边界，并且让观者感到迷惑。这些焦虑始终占据着中心地位，在那里偏离规范极有可能会给时装和它的信奉者带来道德上的愤恨。

虽然人们希望体面的女士男士们在他们的着装中展示对当下潮流的意识，但对细节过多的关注却仍然是个问题。同时，人们也认为时装对老年群体、底层阶级来说不合时宜。尽管如此，这些看法也没能阻止时装的传播。17世纪，本·琼森在他的喜剧《艾碧辛，或沉默的女人》（*Epicoene, or The Silent Woman*）里就作了评说，揭示了使得时装含糊不清的一些关键问题。剧作中，外表平平的女性被认为品行更加端正，而外表美丽的女子则被指责是在勾引男人。剧中同样谴责了试图追赶时装和美妆潮流的年长女性。剧中人物奥特评价自己的妻子：

> 那么一张丑恶的脸！她每年还花我40镑去买那些水银和猪骨头。她所有的牙都是在黑衣修士区做的，两根眉毛是在斯特兰德大街画的，还有她的发型是在银街弄的。这城里每一处都拥有她的一部分。

这种可以花钱买到美貌的观念，在这部剧里包括能够把脸变成时髦苍白色的水银，深深突显了时装与生俱来的表里不一。奥特夫人的购物之行意味着她的外貌更多地属于流行的零售商而非自然天成。因此，她不仅是在欺骗她的丈夫，还愚蠢地花着大把的钱想重回青春。

这一主题在接下来的各个时期里通过布道词、宣传册、专著以及绘画不断发展。18世纪晚期到19世纪初，讽刺画家，最著名的有克鲁克香克和罗兰森，画过一些装上假发、精心打扮了的年长女人，她们的身子用各种垫料和箍圈重新塑形，打造出身体曲线，使其符合当下的审美理念。1770年代，人们取笑最多的是高耸的假发顶上还插着一英尺长的羽毛；接下来的十年里，嘲笑声则转向裙身背后的臀垫；到了世纪之交，又开始嘲弄本就纤瘦的女子在身着最新潮的筒裙后看上去更加瘦弱，奚落丰腴的女士穿着同样的流行时装则看起来更加臃肿。

这种种批评反映了人们对女性、女性身体以及女性社会地位的态度。女性当然被视为不如男性重要，卫道士们还要监督着她们的衣着、仪态、礼仪还有举止。社会阶级同样扮演了重要角色，人们对精英阶层和非精英阶层的女性有着不同的标准与期望。有一点极为重要，所有女性都应当保持体面的形象，将自己与风尘女子清晰地区别开来，避免让自己的家人蒙羞。因此，女人们必须精心考虑如何使用时装；过多的兴趣容易引人非议，可兴味索然也会导致女性遭人质疑。时装在性别塑造中扮演的角色意味着它对于人们对自己的个人与集体身份的投射是一个关键元素。男人们因为时装选择而受指摘的情况要少得多，但他们依旧需要维持好与自己的阶层和地位相一致的形象。然而，那些过于热衷时装的年轻男子们确实也会遭到强烈的道德谴责。18世纪初，《旁观者》（ *The Spectator* ）杂志把热衷打扮的学生描述为"一无是处"，像女人一样，"只会以'衣'取人"。这或许是男士时装在色彩、装饰及款式上已然绚丽纷繁的最后一个时代了，因此想要反叛则需要更大的努力。正如《旁观者》所指出的那样，要做到这一点就是要挑战社会预期，甘冒被斥娘娘腔的风险。

这类男性多数都遭遇过性取向甚至是性别的怀疑。1760年代到1770年代，这批"纨绔子弟"（Macaronis[①]）与他们最直接的前辈"花花公子"（Fops）一般，招来讽刺画家和批评家们的嘲笑。这些被以意大利面命名的年轻男子们用色彩艳丽的衣着炫耀着自身与欧洲大陆之间的种种关联。他们的服饰夸张地演绎着当下的时装潮流，以超大号的假发为特色，有时还会扑上一些或红或蓝的粉，而不是常见的白色。他们身穿的外套剪裁极为贴身，形成曲线延伸到身后，且常常被描绘成一副姿势做作的样子。"纨绔子弟"们在许多方面都冒犯了男子气概的典范；他们被认为柔柔弱弱，既不爱国又自负虚荣。各种组织松散的过于时髦的年轻男子群体取而代之，每一个群体的打扮都极力夸耀着自己的与众不同，并反叛着社会观念。其中包括法国大革命时的"公子哥"（Incroyables），还有19世纪英国的"时髦人士"（Swells）和"花花公子"（Mashers）以及美国的"时髦男"（Dudes）。每一个群体都运用夸张的打扮、异域风情的时装以及对发型和配饰的格外用心来突显自我风格，并以此声明他们要挑战传统的男性典范，因而也是挑战现状。

　　自1841年开始，《笨拙》（Punch）杂志就喜欢在嘲讽时装中找乐子，另外也刊载一些以时尚的名义穿着衬裙、束腰和裙撑以将身体扭曲成精致形态的女人的图片。伴随这些讥讽评论的还有医生们的严正警告——穿着鲸骨束身衣将会危害女性的身体

---

　　①　原意为"通心粉"。——编注

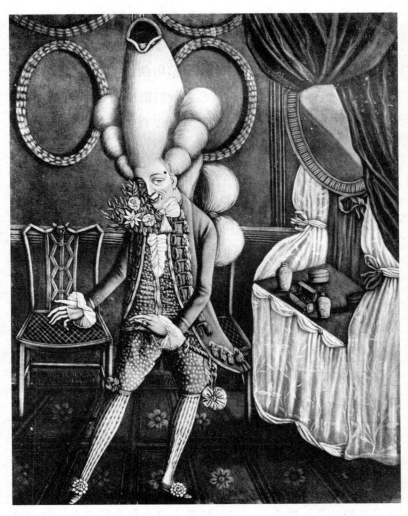

图16 18世纪的"纨绔子弟"们因他们浮夸的衣着风格与忸怩的行为举止
备受讥讽

健康，但这些声音却几乎无法削弱这类服饰的受欢迎程度。性别依然是一个主要的问题。为了女性化的形象，女性必须穿着这些内衣，可她们又因为穿着这些束身衣被人们指责为不理智。这种双重束缚又扩展到那些被视为过分男性化的服装，哪怕它们比起高级时装更为实用。1880年代，当女性走上白领职位，她们身着的所谓定制服装，即基于男式西服改造但加上裙装的套装，被认为将女性转变成了男性。的确，在所有这些例子中，服装确实被看作穿着者性别、性向、阶层以及社会地位的一种标志，任何不明确都可能引起误解与指责。

这一点清晰地体现在长期以来人们认定女性不应穿裤子的观念中，这一观念认为女人穿裤子是对性别角色的扰乱，暗示着女人一心要夺取男人的支配地位。种种担忧一直延续到20世纪。1942年，女演员阿莱缇在巴黎目睹的穿着裤装的女性人数令她大为惊骇。虽然正处战时的艰难日子，她仍旧认为不应为这种行为找任何理由，并且：

> 对于那些完全有办法买到靴子和大衣的女人来说，选择穿裤子简直不可原谅。她们无法给人留下任何好印象，而这种缺乏自尊的行为只是证明了她们糟糕的品味。

这个例子不仅揭示了缺失女性特质可能给人带来的恐慌，同时也强调了类似这样的道德指摘中的社会因素。身处某些特定职业之中的劳动阶级女性，包括采矿业和渔业，自19世纪以来就穿着裤子或马裤。然而,她们实际上都隐形了:字面意义上,绝大多数身处她们日常职业环境之外的人根本看不到她们;隐喻意义上,全然是因为中产阶级和精英阶层根本无视她们。

在对时装如何可能掩盖一个人的本来地位甚至炫耀其地位以作为对权威的挑战的种种道德担忧之中,阶级是一个恒久的主题。到了20世纪,人们素来对蔑视中产阶级体面与礼仪理念的服装的质疑,此时又因众多故意挑衅的亚文化群体的崛起而加剧。在1940年代初的法国,"先锋派"(Zazous)群体中男男女女们细节丰富的西服套装、墨镜,以及美式发型与妆容引起了社会的惊慌。大众与媒体对他们穿着的愤怒集合了一系列常见的问题。他国的时装风格在本国人看来是不爱国的,尤其是当时正处在战时的大环境下,即便美国人身为盟军。他们夸张的服饰和妆容打破了基于阶级建立起来的优雅品味的观念,同时张扬着好莱坞彰显自我的浮夸风格。虽然他们的风格一直只限于一个数量很少的年轻人群体,但"先锋派"们对电影明星时装的效仿以及对爵士乐的热爱却是对法国文化的一种视觉和听觉上的对抗,而此时的法国正处于被纳粹占领的威胁之中。

接下来的数十年中,青年文化持续上演着对关于行为表现的社会规范的破坏。在英国,阶级在塑造亚文化的本质上扮演了至关重要的角色。1960年代,"摩登族"模仿中产阶级的体面打扮,穿上了整洁、合身的西服套装,而"光头党"(Skinheads)则基于工装强化了这一风格,显示出强烈的工人阶级身份。在这几个例子中,青年文化都是在群体成员对于新奇事物的探索,以及对某种音乐风格的热衷这两者合力推动下发展的。到了21世纪早期，工薪阶级青年以及无业青年中出现了一个影响更广的群体。Chavs[①]总是被人们指责毫无品味，原因就是他们对身上醒目的品牌会不自觉地炫耀，对中产阶级所秉持的时尚理念也毫不尊重。媒体报道暴露了根深蒂固的阶级偏见，这个词很快就与政府住宅群的青少年犯罪产生了关联。Chavs身上具有攻击性的运动装与工人阶级负面的刻板印象联系在一起，成为一种可以轻松识别的内城区不法分子的视觉体现。

媒体对青年风格的每一种新形象的指责，展现了破坏现状的反叛行为所能带来的巨大影响。在日本，东京的原宿地区从1980年代开始就一直是街头时尚的焦点，青年人群从这里衍生发展出了许多穿衣搭配的新方式。少女们颠覆了传统观念中的女性形象，创造出令人惊叹的新风格，从种种来源中自由地组合各种元素，其中包括高级时装、过去的亚文化、动漫以及电脑游戏。事实上，她们这种混合的时装风格反映了电脑虚拟角色中天马行空的个人形象设计，后者在远东地区极受欢迎。原宿的街头时尚公然反抗了父母期望中女孩应当展现出的端庄矜持的形象。流行歌手格温·史蒂芬妮打造了"原宿女孩"四人舞团，在她的音乐录影带、演唱会现场演出，给这些风格又添上一层争议。韩裔美国喜剧明星玛格丽特·曹曾经批评过史蒂芬妮对这种亚洲时装风格的不恰当使用，认为她对这些"原宿女孩"的利用极其无礼，她

---

① 意为"赶时髦的年轻人"。——编注

强调:"日本校服有点像扮黑人时用的化妆品。"她的意思是这些舞者代表了一种种族身份的刻板印象,不过是用来为白种人的表演增加气氛罢了。史蒂芬妮的时装风格本身受到了日本街头时尚的影响,但她这些伴舞把这种风格做了进一步的演绎。她们的存在确实不仅体现了对服装借鉴国外风格的担忧,更重要的是究竟谁有权滥用这些时装风格,同时还有对将种族形象刻板化的道德担忧。

此种担忧的另一个不同表现是,人们对选择戴着希贾布头巾以作为宗教信仰与种族身份标志的年轻穆斯林女性的那种困惑又常常有些过激的反应。后"9·11"时代里人们对于伊斯兰教的恐惧,加上公众以及媒体认为这种外在区别属行为失范的观念,使得在某些法国学校女孩们被禁止戴希贾布头巾。这引发了人们的抗议,也更加坚定了部分穆斯林女性对于希贾布头巾重要性的信仰,它不仅是她们宗教信仰的象征,也是对西方理想中的女性特质以及当代时装裸露身体的一种质疑。

这一议题使得在一些极其特定的案例中,针对少数族裔群体衣着和外貌展示或处理方式的道德抗议更加尖锐。模特圈子对非白人女性的忽略是行业内的一个重要问题。尽管媒体一直在抗议,杂志有时也会做一些一次性的特辑,例如意大利版《时尚》2008年7月刊的所有专题大片全部使用黑人模特,但白人女性依旧统治着T台,时装摄影和广告也不例外。作为非裔英国人的一员,行业顶级的模特乔丹·邓恩曾说过:"伦敦并非一座完全由白人构成的城市,那么T台上为什么一定要都是白人呢?"时装业对多元性的这种固执的无视，恰好是广泛文化范畴内固有的种族主义的表征。真实的模特以及她们在时尚杂志中的形象展现，迫切需要时装产业改变原有的态度，真正意识到继续只关注白人模特是不被接受的。

规则与变革

伴随着对时尚图片中男性，尤其是女性的表现方式的抗议，各种试图控制或管理时装生产与消费的尝试也不断出现。文艺复兴时期，禁奢法令一直被强制实施，通过限制特定群体使用特制面料或装饰类型来保持阶级区分，或者是强行向民众灌输节俭观念。例如，意大利通过立法来管制人们在诸如婚礼等仪式上的着装，同时也限制了不同阶层女性领口所允许裸露肌肤的尺寸。这些法令定期在整个欧洲实行，但效果依然有限，毕竟其监管实在难以实现。正如凯瑟琳·克韦希·基勒比在提到表达了对服装过度展示的社会担忧的意大利法律时写道："这些法律本质上就是在自欺欺人：通过法律禁止奢侈品刚好采用的一种形式只会催生新的形式以避免迫害。"由于时装始终处在变化之中，虽然早期的变化速度稍慢一些，立法速度难以跟上这些变化的节奏，而且如基勒比所言，这些穿衣人同样富有创意，通过改变服装的款式以规避法律，并创造出某种时装风格的全新形式。

禁奢法令在17世纪式微，虽然它们在第二次世界大战时期有过复苏且成效甚著。早期对外来货物的进口禁令是出于经济与民族主义的原因，但"二战"的时间跨度与范围意味着许多类似的法令又因海空战争大肆展开之后严格的国际贸易限制而加重。物资短缺导致许多参战国实行定量配给。1941年，英国通过发行全年可兑换服装的服装券来管制服饰的生产及消费。每个人所分得的服装券数量在整个战期及战后期有所变化，但它们却对获取衣饰实行了非常严格的限制。英国、美国以及法国的法规还规定了服装生产中允许使用的面料用量，并大大削减了可以使用的装饰数量。获取时装的这一严苛的转变在英国公共事业计划的推动下得到了缓和，这一计划雇用了包括赫迪·雅曼在内的许多知名时装设计师，设计出既遵守法律规定又时髦有型的服装。然而，新衣服的匮乏意味着人们很难规避战时的限制法令，公众与媒体对过度铺张也持严厉态度，认为这种行为缺乏爱国精神，与全民抗战的努力背道而驰。

战后，苏联阵营国家得以延续对时装的这类限制，并试图给时装加上反社会主义的罪责，这在各国收效不一。东德的贾德·施蒂茨写道：

> 通过将女性作为消费者的权利与她们作为生产者的角色联系起来，并且将理性的"社会主义消费者习惯"作为一种重要的公民素质来宣传推广，官员们努力引导与控制着女性的消费欲望。

然而，根据职业特点设计制造的服装，包括围裙和工装等，吸引力非常有限，而且正如在其他社会主义国家中一样，包括捷克斯洛伐克，在更具功能性的时装风格之外还发展出一种国家许可的时装与时装意象的不稳定的结合体。这些想要革新时装并实现服装的道德形式的尝试顺从了19世纪服装改革家的倡导，比如古斯塔夫·耶格尔博士，他提倡无论男女都应当抵制时装的过度铺张，并使用天然纤维的服装，还有欧洲、斯堪的纳维亚半岛以及美国的女权主义者们，她们呼吁服装应具有更大的平等与理性。

这些旨在管制服装并创造出不伤害动物、人和环境的服装的推动力在20世纪晚期和21世纪初的形式开始逐渐进入主流观念，同时也融入商业时装之中。在嬉皮士以及与之相关的1960年代至1970年代寻求更为天然的时装以及关注道德议题的运动刺激之下，21世纪之交，设计师与顶尖品牌们努力地调和着消费主义的发展与人们对更周到的时装设计与生产需求之间的矛盾。自20世纪早期开始，人们采取了一系列措施来管理工人的薪资与工作环境。这是由1911年纽约三角大楼制衣厂大火等事件推动的，其中有146个移民工人丧生。没人知道这间工厂中有多少转包工人，他们领着微薄的薪水，在拥挤逼仄的环境中工作，这意味着许多人根本无法从蹿出的大火中逃生。虽然类似的事故引发了针对血汗工厂的广泛抗议以及对最低薪资保障的呼吁，这样的现象直到今天仍旧未能彻底消除。随着大城市租金上涨，大批量生产向更偏远地区转移，最终迁到了南美洲和远东地区更为贫困的国家，那里的劳动力和房屋都更为廉价。所谓的"快时尚"，即品牌竭力供应着的时装秀上刚刚展示的最新时装，引发了激烈的竞争，这些品牌要不断以尽可能的低价在全年投放新的款式。

热门的高街品牌使用雇用童工生产的供应商这一行为一直以来遭到了各种控诉。2008年10月，英国广播公司（BBC）与《观察家报》（*The Observer*）做了一篇报道，指称廉价品牌普利马克（Primark）的三家供应商使用印度难民营中的斯里兰卡幼童，在极端恶劣的工作条件下为T恤衫缝制装饰物。意识到自己的处境后，普利马克立即解除了与这批供应商的合约，但报道揭示了当代时装产业中的一个核心问题。廉价服饰的便宜易得让人们对时装的获取更加民主化，可是又变相鼓励着消费者把服装当作短期消耗品随意抛弃，再加上生产廉价产品的激烈竞争，自然使得剥削成为潜在的后果。面向大众的时装连锁品牌都宣称，是巨大的销量使得它们的服装价格变得亲民。但是，这一模式中却存在着道德以及人力的成本，因为供应链正变得越来越分散，越来越难以追踪。记者丹·麦克杜格尔是这样说的：

> 英国现在有句话叫"急冲到底"（rush to the bottom），就是人们用来形容跨国零售商们雇用发展中国家承包商的行为，这些承包商通过偷工减料来为西方出资人压低补贴，提升利润。

普利马克并非面临非议的唯一连锁品牌；其他品牌，包括美国的盖璞，它们的供应商同样出现了许多问题。像英国"人树"（People Tree）这样的品牌因此力图避开上述商业模式，它们与自己的供应商建立起密切的联系，努力地创造可持续的生产模式，在那些生产其产品的国家里为当地社区造福。更大的品牌，比如AA美国服饰，也采取行动，通过使用本地工人来防止出现血汗工厂现象。这两个品牌还努力使用对环境影响较小的面料。牛仔与棉花生产中漂白与染色工艺的毒害，促使有机和非漂白产品在市场各个层面上涌现。与前几十年生产的早期产品不同的是，如今的生产商意识到，即便对于合乎道德的产品而言，消费者也会期待它们有时尚的设计价值。小众品牌像是鲁比伦敦（Ruby London）在其产品中加入时髦的有机棉紧身牛仔系列，瑞典品牌Ekovarnhuset除了自有产品线还出售其他生态时装品牌，创造出既时髦又环保的服装。甚至海恩斯莫里斯、纽洛克、玛莎（Marks and Spencer）这样的大品牌都引入了有机棉产品线。高级时装也开始涵盖越来越多的合乎道德的品牌。斯特拉·麦卡特尼拒绝使用动物皮草或皮革，丹麦品牌Noir的设计师们则把前卫的时装风格与严格的道德经营方针结合起来，方针包括支持生态友好面料的发展。

此外也有一些设计师提倡"减少购买"但投资使用周期更长且较为昂贵的单品的理念。这种"慢时尚"理念下的产品系列就有马丁·马吉拉纯手工制作的"手工"系列服装。《纽约时报》的记者阿曼德·利姆南德尔分解了这些奢侈品的相对成本后计算得出：以一件拉夫·西蒙为极简风格品牌吉尔·桑德（Jil Sander）设计的定制男士西装为例，它的定价为6 000美元，需要花费22小时制作完成，也就是说平均每小时单价为272.73美元。尽管这一算法并不能预算出每一次穿着的成本，它却倡导人们转变态度，拒绝快速变换的流行风格与按季购置最新时装的行为。然而并非所有人都负担得起这些必需的初始投资。不过，慢时尚指出了人们试图让时装更符合道德准则所做的努力中的一个核心问题：消费本身就是问题症结所在。时装给环境造成的影响覆盖了一系列问题，从棉花等天然纤维种植过程中的生产方法与行为，到大众消费主义以及公众对新款时装的渴求。

日本连锁品牌无印良品（Muji）的再生纱线针织服装系列提供了一种解决方案；巴黎的马里籍设计师克叙里·比约特在设计中使用回收的旧毛衣则是另一种思路。这些服饰都依赖二手织物与服装，可以视为对20世纪末转向古着与跳蚤市场购置时装行为的一种配合。这些时装对环境的影响更小，并减少了

图17 远东地区的许多市场出售奢侈品牌It手袋最新款仿制品，价位仅为真品市售价格的零头

生产过程，但它们不太可能完全取代现有的时装产业，尤其是考虑到它巨大的国际化范围还有与其生产与营销息息相关的巨额资金。

道德购物本身也存在着异化为一股时尚潮流的风险。随着全球经济在21世纪头十年里衰退，许多报道不断质疑着"衰退时尚"（recession chic）与"感觉良好消费主义"（feelgood consumerism）这类理念，它们建立在人们购买有机或符合道德准则生产的服装时内心的美德体验，即便他们的购买实际上并非必需。问题停留在消费者是否自愿拥有更少物质，并减少把购物当作某种获取休闲与愉悦的渠道的行为，以及道德化的品牌是否能坚持对应该购买何种产品的评判并维持自己的发展。

遍布全球的仿制品市场兜售着最新款的It手袋复制品，表明了身份象征具有永恒的吸引力，以及时尚能够诱发人们对具有奢华与精英风格物质的渴求。随着时装覆盖了所有社会层次，并吸纳了国际知名品牌，监管其生产或管制其消费都变得越来越困难。想要实现这一目标，只有靠大规模重组社会与文化价值观，并变革全球化产业模式。这一产业在数世纪以来不断成长，引诱消费者并满足他们对服装触感与视觉魅力的欲望。

第六章

全球化

曼尼什·阿若拉（Manish Arora）2008—2009秋冬系列以艺术家苏伯德·古普塔整齐布置的不锈钢厨具装置艺术为秀场背景。这一金属布景为那些关于印度文化的陈词滥调作了一次讽刺的注解。古普塔闪闪发亮的陈设同时也预示了阿若拉时装秀中主导的冰冷的金银色调。他的模特被装扮成未来女战士的模样，并混合运用了许多历史元素，创造出金光闪闪的胸甲、硬挺的超短裙，还有接合的下装。罗马角斗士、中世纪骑士以及日本武士形象都得到呈现，并通过带刺的面具来强化充满力量的形象。这些来自各国的灵感元素，在阿若拉标志性的色彩明艳的三维刺绣、珠饰及贴花工艺之下，被发挥得淋漓尽致。这些工艺进一步体现了其融汇古今的手法，它们展示了传统的印度工艺，使用光彩夺目的施华洛世奇水晶来增强效果。

阿若拉的合作者们也一样丰富多元。日本艺术家田名网敬一使用大眼娃娃和奇异野兽等迷幻形象，以作为裙装与外套的装饰图案。华特·迪士尼的高飞狗、米奇和米妮也戴上了护甲和头盔，在一系列服装上全新亮相。整个系列突显了阿若拉的能力，他能够自看似不相关的元素与想法中打造出一套完整的造型，同

图18　曼尼什·阿若拉在其2008—2009秋冬系列中融入了女战士形象与
华特·迪士尼动画角色的刺绣图案

时又强化了他作为国际时装设计师的地位,能够通过他精美的时装设计消除东西方鲜明的界定。自1997年创立自有品牌以来,阿若拉已经创作了许多充满想象力的作品,融合了传统刺绣与其他各种装饰工艺,运用波普艺术风格的色彩搭配和数不胜数的借鉴元素。他的装饰显示出奢华与繁复的特点,同时又细致入微地记录了他在时装产业中的个人成长。在伦敦时装周办秀时,英国国会大厦与皇室阅兵庆典的全景照被密集地印制在伞裙上;之后在巴黎,裙子上出现的则是埃菲尔铁塔。从一开始,他的目标就是要打造一个全球化的奢侈品牌,同时迎合印度以及各国消费者的品味。确实,他的时装风格使得这些区别越发不合时宜。大多数情况之下,这些消费者之间没有任何差异,如莉萨·阿姆斯特朗所言,阿若拉"看起来并没有迎合国外市场——也没有试图弱化自己的繁复风格"。

　　21世纪早期见证了时装周在全球各地稳步增长的日程安排,时尚潮流通过互联网的即时传播,以及印度、中国等国财富与工业生产的增长。阿若拉的个人成功是印度作为时尚中心的自信不断发展的产物。印度的纺织品与手工技艺自古就声名远扬,但直到1980年代晚期才开始建设发展时装产业必备的基础设施。高级时装设计师开始出现,包括阿若拉曾就读的新德里国家时装技术学院在内的专业院校培养出一批新兴设计师。1998年,印度时装设计理事会成立,旨在推广印度设计师以及寻求资金支持。这使得成衣品牌有了发展的可能,也为在印度之外发展影响范围更广的时装产业打下了基础。阿若拉的商业能力使他获得了世界范围内的知名度，并为他带来利润丰厚的设计合作机会。例如，他为锐步（Reebok）制作了一个鞋履系列，为斯沃琪（Swatch）打造了一个限量腕表产品系列，还给魅可（MAC）设计了一个彩妆系列，展现了他标志性的明亮色彩和他对闪亮表面的热爱。像这样的商业合作为阿若拉提供了扩张自有品牌的平台。

尽管如此，他的成功不应当只以他在西方世界内的认可度来判定。相反，作为不断壮大的能够熟练操作国际化销售并获得关注的非西方设计师群体中的一员，阿若拉身上体现了时装产业核心的地位正从西方逐渐偏离这一趋势。这一过程绝没有终结；值得注意的是，尽管阿若拉在伦敦和巴黎的时装秀提升了其在国际媒体与买手群体中的形象，他仍然会在印度办秀。而印度中上层阶级的崛起意味着他和他的同侪们拥有巨大的潜在国内市场，这种情况同样出现在其他致力发展时装产业的国家，其中就包括中国。

西方时尚都市也从吸引国际设计师加入本地项目带来的声望中受益。伦敦时装周一直争取国外媒体与首要店铺买手出席时装周大秀，努力维持着自己的业界形象。2005年2月，记者卡罗琳·阿索姆和艾伦·汉密尔顿描述了阿若拉、日本的丹麦-南斯拉夫裔与中国裔双人设计师组合阿加诺维奇与杨等名字如何给时装周日程增添了趣味和多样性。这些国际设计师与伦敦本地的尼日利亚裔设计师杜罗·奥罗伍、塞尔维亚裔设计师洛克山达·埃琳西克，还有来自新加坡的设计师安德鲁·鄞同台展示。这些来自全球的名字汇聚一城，突出了时装产业的国际化视野，同时也表明，尽管民族风格与地方风格在过去或许有助于将设计师作为群体来推广，但当越来越多的时尚都市不断涌现，设计师们也在资金的支持下能够在任何地方展示自己的作品时，这些风格的区别便不再那么重要了。时装产业的地理已经发生改变，然而正如须摩提·纳格拉斯所言，"由于印度时装产业（举例而言）是全球时装界一个相对较新的成员，这意味着为了参与其中，'本土'产业必须努力在一个既有体系内运作"。然而，随着其他地区的发展，加上商品和劳动力流动改变了生产模式，19世纪末形成的时装产业的基础格局自身或许也开始转移重心。

如今，巴黎巩固了其在西方时装业的中心地位，不过，甚至在20世纪之初，法国时装业就开始对美国优异的经营方式倍感担忧了。一旦美国成衣在第二次世界大战时发展出自己独有的特色，不只是高定时装，成衣也有可能创造时尚潮流。随着时装在战后复兴后使用起美国模特，牛仔服和运动装等休闲风又赢得了国际市场的认可，时装业迎来了一次根本性的变革，尽管此时的巴黎依旧发挥着巨大的行业影响力。大概在21世纪之初，一次相似的变化进程又蓄势待发，而这并不必然是一次全新的发展。事实上，至少对于印度和中国而言，它代表了奢侈品和视觉夸示在这些国家的复兴，它们丰富技艺的悠久历史曾因殖民主义、动荡政局与战争炮火而中断。

贸易与流通

贸易线路自公元前1世纪起就将纺织品输送到世界各地，将远东、中东地区与纺织品商贸繁盛的欧洲城市连接了起来。意大利曾是东西方世界之间的一道大门，它将自己打造成奢侈纺织品贸易中心。北欧形成了羊毛制品中心，意大利则以其样式色彩丰富的昂贵丝绸、天鹅绒与织锦而闻名天下。威尼斯和佛罗伦萨等

图19　文艺复兴时期的织物常常糅合了欧洲、中东和远东地区的各种图案

城市出产了欧洲的绝大部分精美织物，这些面料有时也会留下创造它们的地中海贸易活动的印记：伊斯兰、希伯来和东方的文字及纹样与西方的图案融合在一起。这些跨越不同文化的元素借鉴是贸易活动的一种自然产物，随着各国努力控制特定区域或是探索新大陆，这些商贸活动在文艺复兴时期发展了起来。15世纪到16世纪，贸易活动在更多欧洲国家间不断壮大，打通了葡萄牙、叙利亚、土耳其之间，印度和东南亚之间，还有西班牙与美洲之间的线路。

17世纪早期，英国与荷兰先后建立起东印度公司，正式组织起它们与印度和远东地区的贸易活动。最初，如约翰·斯戴尔斯所说，英国东印度公司最感兴趣的是把羊毛出口到亚洲，并且只买回极少量来自东方的顶级奢华织物，因为它们的样式在英国的吸引力非常有限。不过，到了17世纪后半叶，东印度公司给自己的印度代理人先是带去图样，后来又带去样品，鼓励当地生产出符合英国人心目中"异域风情"的产品纹样。这些产品大受欢迎，同时也意味着西方时装在其影响下使用了这些材料后，吸收了更多的东方产品。欧洲积累和发展出成熟的航海知识和运输方式来保障其贸易，同时不断开发利用着亚洲工匠的创新、变通和技艺。他们生产出品类丰富的原料，并能对消费者的喜好迅速作出反应。这为跨文化交流提供了肥沃的土壤，生产出融合不同国家与民族元素的款式。尽管如此，西方的品味仍占据支配地位，影响着亚洲图案的使用方式。消费者被鼓励欣赏这些来自遥远国度的风格，这些风格已经经过了深谙其品味和欲望的东印度公司代理人的改造。驱动全球织物贸易的正是人们对奢华面料感官体验的渴望，还有西方世界对于新兴的异域风情的兴趣，其巨大的赢利潜力更是推动了这一活动。这一点建立在精英阶层对奢华展示的欲望之上，而这种欲望在所有国家都是共通的。

服饰风格总是趋于保持其独特性，然而有一些特定类型的服装却是从东方演变到西方来的，这里面就包括欧洲男士和女士在家中非正式场合所着的土耳其长袍式服装及围裹式长衣，以及17世纪末掀起的一股类似的穆斯林头巾风潮。这一时期的肖像画中，西方男性身着闪光绸质地的裹身外衣休息放松，精心修剪过的头顶上包裹着穆斯林头巾，以此作为在公众场合穿戴扑粉假发套之外的一种令人愉快的逃离。确实，彼得·斯塔利布拉斯与安·罗莎琳德·琼斯就曾有过论述，17世纪人们的身份与国家或大洲概念的联系不再那么紧密。他们分析了凡·戴克1622年所绘的英国驻波斯大使罗伯特·舍利像，以此证明精英的资格在这一时期是身份更为重要的组成部分。舍利身着与其社会阶层、职业身份相宜的波斯装束。他衣饰上华丽的刺绣、金色背景下色彩鲜艳的绸缎，充分展示了东方的这些技艺是如此纯熟，波斯的服装是如此奢华。斯塔利布拉斯与琼斯指出，舍利不会认为自己是个欧洲人，因为这一地区在当时尚未形成一致的身份认同。他也不会因为自己的西方人身份而产生优越感。他们认为，舍利会很自然地把波斯服饰作为自己新职位的一个标志，同时也将其作为对伊朗国王恭敬之心的一种表示。时髦身份同样与阶层和地位关联着，但与之相关的还有不同地区或宫廷的审美理念以及个人接受与诠释当下潮流的能力。然而舍利的肖像表明，这一身份在特定的社会或职业环境中可能会吸纳其他民族的期望这些元素，尤其是在国外生活或旅行的时候。在其后一个世纪里欧洲女性中流行的土耳其式宽松裹身裙进一步证明了这一点，它们实际上是像玛丽·沃特利-蒙塔古夫人这样的女性旅行者对真实的土耳其服饰进行的改良。

事实上，似乎17世纪时奢华与夸示的观念无论在东方还是西方世界的贵族和王室圈子里都是十分普遍的。卡洛·马可·贝尔凡蒂指出，17、18世纪时尚风潮在印度、中国和日本发展了起来，其中某些特定的审美与风格类型在当时大受欢迎。比如，在莫卧儿帝国时期的印度，服装制作中人们喜好繁缛的设计，头纱和头巾风格流行一时。衣饰剪裁和设计的风潮也开始在大城市的文职人员身上出现。不过，贝尔凡蒂认为，尽管时装自身在东西方世界中同步发展，但它并未在东方成为一种社会制度，而到19世纪被禁止的服装形式成为一种社会常态。

不同文化间的借鉴却超越精英人群，它体现了基于贸易活动却有赖于吸引东西方消费者的设计的全球化影响。西方世界演化出自己对东方服饰设计的独特解读。18世纪中叶，中国风（*chinoiserie*）装饰潮流席卷欧陆。艾琳·里贝罗描写了这些对东方世界的再想象，它们创造出各种印满宝塔、风格化花卉，以及其他改良过的中式图案的纺织品。我们可以认为这类风潮部分来自贵族们对于衣装打扮的热爱，本例中表现为对其他民族文化风格的幻想形式的解读。中国成为化装舞会的热门主题，瑞典王室甚至在皇后岛夏宫给未来的国王古斯塔夫三世穿上了中式长袍。

中国风是西方对东方服饰奇幻想象的一股风尚。而18世纪时印度棉布空前的流行则表明，印度纺织品生产与印花设计对市场的影响能扩散到欧洲之外，一直延伸到各国在南美洲的众多殖民地等区域。大量印度棉布的低廉价格意味着其覆盖的人群范围前所未有。这也意味着纺织品设计与风格的全球化审美、大众获得时装的途径以及易于清洗的衣饰，对社会各群体（极度贫困人群除外）而言都触手可及。事实上，到了1780年代，所谓的"印花棉布热"引发了各国政府的恐慌，他们害怕各自的本土纺织品贸易会被淘汰。许多国家都通过了限制法案，包括瑞士和西班牙。玛尔塔·A.韦森特写道，据传在墨西哥，女人为了买这些外国时装竟然会出卖色相。然而，最终西方国家在这场传播迅猛的时装大潮中发现，比起与它的热度做斗争，他们更应该好好利用它来构建自己的纺织工业，并且运用从印度织物生产商身上学到的东西，在这场热潮中好好赚一笔，比如巴塞罗那就是这么做的。

这成为将要到来的一场重要全球转变的一部分——从不断创新又适应性强的印度纺织品贸易转向越来越趋于工业引领的西方世界，这一转变在19世纪加快了步伐。尤其当英国取得了一连串用于提升纺织品生产速度的发明成果之后，它取代了印度的纺织品生产，使得印度手工织造纺织品在1820年代几乎被彻底抛弃。随着西方国家开始更加依赖自己的面料生产与出口，而不再依靠进口棉布，时装业在纺织品生产领域的权力平衡发生了改变。西方时装体系迅速出现，其形式在未来一个世纪乃至更长时期内都占据着支配地位。机械化先后使得欧洲与美国的纺织工厂能够对变化的品味和时装潮流迅速做出反应。1850年代，欧洲发明的合成染料，尤其是威廉·珀金发现的颜色艳丽的苯胺紫染料，几乎彻底摧毁了世界其他地区的天然染料工业。桑德拉·尼森写道，这种染料使得这些新鲜而生动的色调风行全球，改变了从法国到危地马拉等各个角落的传统与流行服饰的面貌。

　　整个19世纪的时间里，西方国家对殖民地不断征服的过程见证了欧洲列强对纺织品贸易的剥削。尽管维多利亚文化中充斥着显著的种族主义态度，但精英阶层和中产阶级的消费者却仍旧钟情于来自欧洲之外的各种产品，其中包括印度的纺织品与日本的和服。亚瑟·莱森比·利伯蒂1875年在伦敦摄政街开办了他的百货公司，里面销售着来自东方的家具和装饰品，由于老板喜欢更加宽松、颜色更加柔和的亚洲风格和中世纪欧洲的垂褶长裙，店内也销售着以此为灵感设计的服装和纺织品。然而，佐藤知子与渡边俊夫证明利伯蒂对东方的态度是矛盾的，而且表达了西方世界对异域风情的幻想与亚洲真实面貌之间的棘手关系。1889年，利伯蒂在日本待了三个月，像其他同代评论家一样，他欣喜地发现在西方的影响下，丝绸变得更纤薄，也更易加工，但利伯蒂不喜欢东方丝绸在颜色与图案上的变化。从日本在1850年代向西方重开国门、开始现代化进程的那一刻起，无论男女都在传统服装之外开始穿着西式服装。对于像利伯蒂这样维多利亚时代的人来说，这种变化破坏了他们对东方世界的既有观念。这种观念十分复杂，因为它已经历了长时间的逐步演变，在西方对异质文明的认知和对东方设计的再次解读下成形，这种解读是对东方作为工业化西方国家的对立面的回应。当19世纪末的"日本热"倾向于认为东方世界停滞不前，与西方时装风格的快速变换形成鲜明对比的时候，日本自身正迅速地汲取着西方的影响来改良自己的时装设计。

本土与全球化

20世纪伊始，时装产业因而从这一复杂的历史中逐步发展起来。一方面，某些国家，特别是处于西方对东方笼统概念之下的国度，被视为丰富的感官灵感源泉；而另一方面，西方人通常只把世界其他地区当作一种资源，而非对手。贸易网络几个世纪以来虽然也历经了改变与革新，但常常被西方力量所控制。时装产业拥有全球范围内的贸易链，然而尚未全球化，真正国际化的公司还未形成，世界各地众多国家也没有形成完善的时装体系。这并不是说时装在西方之外的世界里不存在；其他大陆也上演着时装风格的变幻，由本土的审美趣味与社会结构推动。然而，由设计师、制造商创造，以及零售商与媒体推动的周而复始的时装潮流，在20世纪的后半程发展起来。

两次世界大战之间，法国高级时装势力非常强大，驱动着国际时尚潮流。但是，其成功依靠的不仅是个人定制服装的销售，还有其他国家的制造商可以购买与复制的时装设计销售。与此同时，伦敦、纽约等城市也在努力建立自己在时装界的身份，格外关注设计师品牌和时装引导的制造业。这一过程为战后时装产业的加速发展和成长奠定了基础。高级时装依旧迷恋着法式风格，但其他国家也迅速发展出自身的畅销时装特色，尤其在成衣领域。美国就是一个恰当的例子：1930年代至1940年代，美国的时装经常与一种强调统一民族身份的爱国主义神话捆绑在一起推广。到了1950年代早期，尽管在服装设计与元素中继续使用着美国符号，但人们开始更为注重宣传其国际化的时装特质与时尚地位。美国《时尚》杂志充分展示了这一变化，1950年代，杂志开始越来越多地刊登世界更多国家的时装设计作品。除了巴黎和伦敦在其评论和广告中长期占据重要版面，来自都柏林、罗马以及马德里的时装系列也在每一季中得到刊载。虽然《时尚》关注的焦点一直是欧洲和西方世界，但这充分展示了对高端时尚地位的渴求是如何蔓延开来的。

随着这些城市逐渐发展成为潮流中心，美国依靠其设计简洁、方便穿着的分体服装以及优雅的礼服等强项站稳了脚跟。这些服装在战后销往更大规模的市场，而最重要的是，牛仔裤与运动服开始在战后统治全球。牛仔裤对各个年龄、性别、种族、阶层而言都很适宜，因而成为推动一种清晰的时尚态度的全球化进程最为显著的因素。虽说牛仔裤未必全然是自发流行起来的时装风格，但它们的影响力不断提升，表达了消费者对于能搭配各种正式和非正式服装，又足以适应个人风格的那种服装的需求。到了21世纪之初，牛仔裤占据了庞大的国际市场，尽管这可能被解读为时装因而也是全球视觉特征的同质化作用，但牛仔裤非常多变，实际上能借助其数不清的排列组合，彰显民族、宗教、亚文化以及个人身份。以巴西为例，马马奥·韦尔德制作出带有闪亮装饰物的贴身牛仔裤，以凸显穿着者的曲线。在日本，牛仔裤成为人们的一种癖好，收藏者努力寻找着稀有的老式李维斯（Levis）牛仔裤，以及像依维斯（Evisu）这样的本土品牌，它推出了印有品牌特有商标的版型宽松的牛仔裤。给牛仔裤带来丰富多样特点的不止是设计师和受热捧的品牌。当牛仔裤的靛蓝色随着多次水洗变得越来越发白，顺着穿着者的身体折出一条条痕迹时，每个人都能创造出自己独一无二的牛仔裤。牛仔裤可以经常根据顾客需求做修改，也可以与二手或新款服装混搭在一起，打造出属于某一特定地域的小规模时装潮流。通过这种方式，人们可以抵抗同质化与全球化，或者至少以自己的创造力赋予它们与本土而非全球推动力相关的全新感觉。

因此，穿着者将自己服装和配饰个性化的过程使得原本全球化对视觉风格影响的简单解读复杂化了。但是，在众多例子中，大品牌在全球的扩张带来了商业街、购物中心以及机场免税店，这些地方几乎全都由相同的品牌构成。像飒拉这样的连锁品牌对本地街头出现的时装潮流能快速做出反应，并将其纳入他们的设计中，这一过程能够使他们在不同国家甚至是不同城市的不同分店中销售不同的产品。不过，在其他情况下，西方品牌对市场的统治可能导致世界各国特定社会阶层的时装风格在视觉上同质化，早期的精英人群中就出现了这种情况。全球的时尚杂志中展示着相同品牌的太阳镜、手袋以及其他配饰，然后被渴望获得所谓的全球高端时尚风格的消费者们纳入囊中。其先驱者很明显是巴黎高级时装自17世纪开始的行业统治，但到了1970年代，各国的"喷气式飞机阶层"出现后，人们渴望的就很容易是意大利或者美国品牌了。许多城市的富人们始终坚持着自己的时装风格，从而催生出依赖社会边界而非地域限制的跨国界时装。

尽管如此，细节上的差异仍然显现出来，比如说，一个民族对美丽与性别的理念上的差异。年龄是影响这些时尚潮流解读方式的另一个重要因素。1990年代，英国品牌博柏利标志性的围巾、军装式风衣以及手袋在韩国青年人群中大受欢迎。尽管我们可以将其看作同质化的一个实例，但品牌标志的格纹却以不一样的方式被穿者演绎着。韩国的情况与日本相同，人们渴望通身都是设计师服装，从鞋子到发饰的所有单品都是大牌。这种显眼的消费在西方看来并不时髦，西方着重于穿着者组合大牌并将其与古着或无名单品混搭的能力，大牌的商标不过是周期性流行一下。韩国青年对博柏利产品的狂热因而颠覆了其内敛英伦上流阶层品味的品牌形象。

玛格丽特·梅纳德指出了加强的时尚潮流国际融合之间的这种复杂的相互作用，认为在一定程度上这是全球化品牌的结果，后者是20世纪末全球变革的产物。她认为，这一现象标志着全球化开始影响经济、政治以及社会生活，因而也会影响时装产业。玛格丽特援引了包括苏东剧变、后殖民统治终止、跨国公司与银行发展、全球媒体与网络成长等诸多国际事件，认为它们都是为时尚服装与形象带来大规模传播与流通，促使无数国家时装市场觉醒的原因。国际旅行以及移民方式的不断增加进一步加速了地域边界的消失，以及与之相伴的全球化进程。这一过程也引发了许多道德问题，例如，西方资本主义对廉价制造业的搜刮，再比如，与其同步崛起的快时尚也已见证了自身工业生产的衰退。从古驰这样的奢侈品大牌到盖璞这类大众市场品牌，都将它们的产品制造外包到了中国、越南和菲律宾等国家。这引发了全球化最为罪恶的负面影响——对工人的压榨剥削。如今，追踪供应商并维持工厂标准变得十分困难。工人们一直遭受着用工虐待和薪水压榨，他们还常常来自人口中最为弱势的群体，比如儿童或新来的移民。全球化就这样戴上了一副假面，藏身面具之后的是不公正的工业生产勾当。时装产业巨大的地域覆盖范围使得那些未加入工会的劳动力很容易被雇用到，来为增长中的国际市场提供廉价时装。这也意味着，奢侈品巨头们，比如著名的路易威登集团，如今已然统治了整个行业，除此之外还有一些主打运动服饰和面向年轻群体的品牌，比如迪赛（Diesel）和耐克（Nike）。不过，梅纳德认为，本土差异依旧能够打破全球市场供应商品所带来的潜在大规模同质化，因此完全统一的时装造型或者时尚观念并未在全球范围内造成普遍影响。

塞内加尔国内的时尚潮流就是这种本土形成的流行文化的典型例子，它们一边利用着大规模企业产出的时装大众文化，同时又能够抗拒其影响。塞内加尔年轻人喜欢用来自全球各地的不同风潮丰富自己的衣着风格，并自信地将欧洲与伊斯兰元素以及时装的不同类型整合在一起。尽管牛仔裤和美国黑人风格的流行显而易见，但年轻人仍然会委托本土裁缝们制作出更为正式的款式。胡迪塔·尼娜·穆斯塔法就指出了远在法国殖民之前，塞内加尔就一直很重视个人形象。她详细描写了塞内加尔男女是如何穿着欧非混合时装与本土特有的服饰的。首都达喀尔有一批善于应变的裁缝、制衣师和设计师，包括著名的乌穆·西，她把自己的作品出口到突尼斯、瑞士和法国，这些人对时装进行了成熟的世界性的利用。他们创造出以当下流行的本土风格、传统染色及装饰元素、国际名流，还有法国高级时装为灵感的服装。全球化的贸易网络使得塞内加尔商人能够订购北欧的纺织品设计，收购尼日利亚的织物，然后在欧洲、美洲和中东开展贸易活动。整个国家的时装体系因而整合了本土与全球的潮流，创造出最终到达消费者手里的时装。它很快成为全球化时装产业的一部分，但同时又保留着自身的商业模式与审美品味。达喀尔这座充满活力的时尚都会是21世纪各国时装产业能够共存、共生的典范。确实，就像莱斯利·W.拉宾所说的，整个非洲融合了种类繁多的时装风格与商业类型，它们既在西方资本主义工业体系内运作，又不断探索其边界，"借助那些用手提箱和旅行箱运输货品的手提箱小贩们构成的商业网络，生产者和消费者们创造出跨越国界的流行文化形式"。这样，街头商人（比如早期的小贩）、往返各地的旅行者和观光客，还有长期性甚至永久性的移民人群将不同的时装和配饰传播到全球的各个角落。种种正式和非正式的方式使得原本清晰的民族身份区分变得模糊起来，正如全球化品牌商品传播所带来的结果那样。事实上，这些方式与国际二手服装贸易一起，协力抵抗着这些全球化品牌常常代表的同质化理念。

在欧洲和其他城市中展示的最新时装系列，同样吸收了跨国时装设计理念，融合了十分丰富的文化与民族元素，不再能被任一地理区域明确定义。曼尼什·阿若拉的作品就是这样的例子，因为他把东方与西方的设计和装饰风格结合在了一起。20世纪早期的保罗·普瓦雷等设计师是在西方殖民主义的视角下运用中东与远东的时装元素，阿若拉则摒弃了这种等级观念。不过，西方世界的"东方化"风潮的确深刻影响了视觉与物质文化。关于谁在生产、控制、支配着图像与时装风格使用的问题一直存在。文化借用在时装中广为运用，它为人们的观念构建、风格形成、色彩运用等提供了丰富的跨文化交流。但是，乔斯·突尼辛也提出了她的质疑：

> 异域文化自身的形象常常取决于处于支配地位的西方世界。究竟什么是印度？是印度人民认为的印度，还是我们这些有着殖民统治历史的西方人曾经以为的印度呢？

21世纪之初，这始终是一个令人担忧的议题，考虑到西方悠久且问题重重的殖民统治与支配历史，关于西方设计师运用"异域"元素是否有所不同的问题也一直悬而未决。或许后现代主义给设计师们对来自众多民族与历史借鉴元素观念的有趣糅合提供了充分的理由，就像我们在约翰·加利亚诺的作品中看到的那样。不过，这并不足以完全抹去时装产业的演变背景，或是这些文化借用的历史含义，以使时装设计与美学趣味抑或时装产业的其他领域（例如贸易交往）实现平等交流。随着越来越多的国家开始在国际上推广自己的时装，这些差异也许会逐渐缩小。在足够多的非西方世界的设计师、奢侈品牌以及成衣制造商拥有与路易酩轩集团及其一众竞争者相当的实力和影响之前，这一过程将会持续下去。

时装周把一个国家或一座城市中的设计师集合起来以展示其每一季的时装系列，它继续提供着一个中心，通过这个中心来宣传某一区域的视觉身份，同时为自己的时装设计师开发并提供平台。时装是一个具有十分重要的经济与文化意义的巨大产业，比如，时装周在众多南美洲城市的传播充分展示了它们如何能够建立起另类的时装中心。1970年代末到1980年代初在巴黎办秀的日本设计师取得了巨大成功，充分证明了非西方设计师也可以给全球市场带来深刻的影响。这一时期，设计师们仍旧需要在知名的时装周办秀以获得足够的知名度和曝光度。山本耀司、川久保玲、高田贤三、三宅一生等诸多日本设计师的作品震惊了西方时装世界，让他们意识到高级时装完全可以发源于自己的界限之外。尤为重要的是，日本时装带来了一种人体与面料以及两者之间相互作用关系的全新视角。

比如三宅一生，他制作的服装颠覆了西方世界关于美与形的固有观念，推出了细密打褶的面料，塑造成向身体外伸出的尖端。他重新创造出了符合建筑空间理念的女性气质，不再顺着人体自然形态剪裁面料。其服装形态常常向上延展，并向外延伸以强化

图20 三宅一生棱角分明的褶皱设计（1990）

身体与服装之间的对比。他的作品被推上国际舞台,在全球各个城市中展示及销售。不过,到了1990年代,三宅曾有过表态,尽管(或者说也许是因为)全球"边界在我们眼前每天被消解又重新定义着……在我看来这是非常必要的。毕竟边界是文化与历史的表达"。他既保持自己的日本身份,同时又能打造出拥有跨越国界的共鸣与魅力的作品,这正是时装产业全球化种种问题的核心。20世纪末以来,贸易网络、商品生产、消费行为以及时装设计,全都越来越紧密地与全球化的时装体系联系在一起。不管对设计者还是穿着者来说,时装的全球化都没有完全压抑本土与个人通过时装表达的东西。但是,21世纪之初的经济衰退或许会加快那些建立在成熟生产模式之上的非西方时装设计的发展,并引发世界时装势力平衡的一次巨变。

结　语

　　泰莉·艾金斯在她1999年的重要著作《时装的终结》（*The End of Fashion*）里记述了她眼中所见的产业在20世纪末从时装向服装的转变。她认为法国高级时装放慢了脚步，以满足强调价位合理又实穿的经典款式的需求，并且依靠特许经营权来维持生存，尤其是它在全球范围内的香水销售。与此同时，欧洲的大公司们已经发现，比起迪奥的约翰·加利亚诺等风格较为夸张的英国设计师，像思琳（Celine）麾下的迈克·高仕等美国设计师能为其系列品牌带来更多的销售。艾金斯概述了设计师们对营销而非设计革新的关注。这带来的后果是大众开始对时装审美疲劳，而对盖璞、香蕉共和国（Banana Republic）等高街连锁品牌更感兴趣，因为它们能够可靠地提供各类基本服装款式，偶尔又能引发时尚潮流。艾金斯的论述非常有说服力，它恰好发表于国际经济衰退与远东股市崩溃这十年的尾声。正如她所指出的，由于极简主义设计已经流行，简化的服装本身就是偏离精致时装的潮流的一部分。

　　那么，时装在1990年代真的终结了吗？这意味着日常的服装最终胜出了吗？艾金斯的确指出了国际市场中一股重要的流行趋势。不过，最有趣的或许是它自身也是一股潮流。正如她自己所说，极简主义在当时是一种时尚，所以市场各个层面中出现的极简风格都是这种时尚的一部分。我们还必须注意到其他潮流也在显现。亚历山大·麦昆等年轻设计师自1990年代初开始崭露头角，创建了既依赖于特许经营权，又在时装设计上不断创新的个人品牌。重要的是1990年代中期，也就是艾金斯认为的开始偏离时装的转折点，正是马修·威廉姆森等设计师在作品中开始对手工技艺与细节制作兴致渐浓的时期。或许艾金斯发现的并非时装的终结，而是时装自始至终灵活多变形式的一个实例。随着文化、社会以及经济环境的演变，设计师的灵感、消费者的需求以及更为关键的欲望，也会不断变化。

诚然，从街头时尚到高级时装，当时掀起了一股强势的以工作服饰为灵感的潮流，它涵盖了各种各样的元素，既有工装裤又有垃圾摇滚风，还有吉尔·桑德等设计师践行的风格冷淡、充满知识分子情怀的极简主义。但是，还须记住的是各种各样的时装风格是同时存在的；当时的高级时装里哥特服饰、暗黑与拜物风格又有所复兴。此外还有威廉姆森水果般色彩鲜艳的时装，把奢华的细节与鲜亮的印花重新带回人们的视野。当美国仍然钟情于盖璞的时候，它在欧洲却开始衰落，盖璞产品宽松的版型和并不鲜明的风格难以与新兴的时髦又令人兴奋的对手们抗衡，比如英国的Topshop和法国的蔻凯（Kookai）。艾金斯因此会写到美式时装、服装品味与生活方式的转折点，而此时正是替代此种现象的新事物吸引大众想象的时刻。她因而确实眼光独到地看到了这一时刻在时装史中的重要性，但是，时装表面上的衰退其实如同黎明前的黑暗时刻，它必将再次勃兴，成为从高街时尚到高级时装的驱动力量。

艾金斯的著述让我们再一次清晰地意识到时装可以不断借鉴吸收外界影响的这种与生俱来的能力，它能够按照有时甚至能通过预期新的生活方式与审美来重塑自己。21世纪之初，服装一如既往地是市场中的重要组分，在艾金斯看来，衣橱经典款式的需求也从未停歇。不过，新兴的高级时装设计师，比如浪凡的阿尔伯·艾尔巴茨、巴黎世家的尼古拉斯·盖斯基埃、圣罗兰的斯特凡诺·皮拉蒂以及巴尔曼（Balmain）的克里斯托夫·狄卡宁，又一次引发了全球对法国时装的热情。即便大多数人只会想要购买他们的标志性手袋，但这些设计师每一季的风格表达很快就出现在高街连锁品牌中。美国的青年设计师们依旧延续着这个国家引领运动服饰的历史，但普罗恩萨·施罗（Proenza Schouler）和罗达特（Rodarte）这些牌子把这些风格转变为奢华的形式，装饰以高级时装的精致细节。伦敦的新兴设计师，比如托德·林恩、路易斯·戈尔丁和克里斯托弗·凯恩则分别重新表现出对精致剪裁、创意十足又色彩丰富的针织衣物以及季节性变化的廓形的兴趣。

世界上的其他城市同样热衷于开发时装这种视觉与物质形式。最典型的应该是印度、中国、南美洲以及太平洋沿岸地区，在那里时装周开始推广本土设计师，同时又积极探寻国内国际的不同品牌。在中国，对时装设计教育与促销贸易的兴趣超过了对产能的投资热情，力图在未来打造强大的时装设计形象。印度和俄罗斯新兴的中产阶级和上层阶级意味着这个全新的人群渴望通过服装来表达自己的身份与品味。新的时装杂志涌现出来，既有重要的拥有不同国别版本的《时尚》、《她》与《嘉人》（*Marie Claire*），也有以本土风格为灵感的各类新刊物。

在街头，时装比以往都更加显而易见，并分门别类地呈现在各大网站页面上，比如http://www.thesartorialist.com，此外也有一些专注介绍从斯德哥尔摩到悉尼等特定城市人群时尚风格的网站。它们充分证明了时装始终具有的通过组合既有潮流与新兴年轻潮流来表达个性的能力。亚文化时装同样充满了活力，这包括对1980年代传遍全球的哥特风的改良，以及与之相关的青少年情绪摇滚（emo）风潮。俱乐部时装风尚越来越艳丽夺目，借鉴了1980年代新浪漫主义与"锐舞"（Rave）文化。一如既往地，时装通过借鉴自己的历史不断向前发展。它交叉借鉴着自己的过去，将重新排列后的风格组合在一起。就这样，克里斯托弗·凯恩以阿瑟丁·阿拉亚1980年代的紧身裙与范思哲1990年代初充满活力的设计为灵感，创造出令人耳目一新的时装。"新锐舞"重新改造了上一代的荧光色与超大码标语T恤衫。在这些例子中，新世纪见证了人们对大小与色彩的喜好，而1990年代的大部分时装都缺乏这些。

21世纪之初也见证了越来越多具有道德诉求的品牌和网站的建立，它们关注时装对地球产生的影响，同时关心工人的权益。在各类报道曝光了从墨西哥到印度等国家为西方知名品牌生产服装的工厂剥削现象后，这些品牌和网站的兴起代表了对此种现象的有力回应。时装开始需要处理自己的生产方式，这是一个重要的转变。尽管从19世纪中叶开始人们就在呼吁，但对此的回应却是时断时续。道德时装的此次繁荣能否渗入整个产业，为纺织品制造与服装生产方式带来永久、深远的变革，仍需拭目以待。我们希望这是一股长期的潮流趋势，而非昙花一现的风尚。

与此同时，时装也成长为学术研究的对象，有越来越多的专著和期刊来研究其本质、地位以及意义。全球各大博物馆推出的时装展览大获好评，引发人们对时装的极大热情。在市场的另一端，名流文化的兴起使得时装的传播速度甚至超越了好莱坞的全盛时期。社会、文化以及政治生活方式与态度的这些不同方面，逐渐与时装的诞生、传播以及越来越全球化的特性联系在一起。时装因而并未终结，但它确实发生了变化，并且极有可能处在另一次深刻变革的边缘。随着非西方时装体系暗自发展壮大，经济衰退又席卷而来，时装主力很可能会转向东方。尽管自文艺复兴时期演化而来的西方时装产业不太可能被其吸纳，但面对来自全球的挑战，它必须学会快速适应并做出精准有效的回应。

译名对照表

A

A Magazine 《A 杂志》

Academy Awards 美国电影艺术与科学
学院奖

Aganovitch and Yung 阿加诺维奇与杨

Agins, Teri 泰莉·艾金斯

Agnes B. 阿尼亚斯·B.

Alaia, Azzedine 阿瑟丁·阿拉亚

Amies, Hardy 赫迪·雅曼

Another Magazine 《新杂志》

Apraxine, Pierre 皮埃尔·阿普拉克西纳

Armani, Giorgio 乔治·阿玛尼

Armstrong, Lisa 莉萨·阿姆斯特朗

Arnold, Janet 珍妮特·阿诺德

Arora, Manish 曼尼什·阿若拉

Asome, Caroline 卡罗琳·阿索姆

B

Bailey, Christopher 克里斯托弗·贝利

Baillén, Claude 克洛德·巴扬

Balenciaga 巴黎世家（巴伦西亚加）

Ballet Russes "俄罗斯芭蕾"

Banana Republic 香蕉共和国

Barthes, Roland 罗兰·巴特

Bauhaus 包豪斯派

Bayer, Herbert 赫伯特·拜耶

Beaton, Cecil 塞西尔·比顿

Belfanti, Carlo Marco 卡洛·马可·贝
尔凡蒂

Benson, Susan Porter 苏珊·波特·本森

Bershka 巴适卡

Bertin, Rose 罗斯·贝尔坦

Bextor, Sophie Ellis 苏菲·埃利斯·贝
克斯特

Bon Marché 乐蓬马歇商店

Boucicaut, Astride 阿里斯蒂德·布西科

Breward, Christopher 克里斯托弗·布
鲁沃德

Brigg Market, Leeds 利兹布里格市场

Brodovitch, Alexey 阿列克谢·布罗多
维奇

Burton's 博尔顿男装

C

Campbell, Naomi 娜奥米·坎贝尔

Cardin, Pierre 皮尔·卡丹

Carter, Ernestine 欧内斯廷·卡特

Cashin, Bonnie 邦妮·卡欣

Castiglione, Virginia Versasis, Countess
de 卡斯蒂廖内伯爵夫人，维尔吉尼娅·
维拉西斯

Celine 赛琳

Cerruti, Nino 尼诺·切瑞蒂

Cézanne, Paul 保罗·塞尚

Chambre Syndicale de la Haute Couture
巴黎高级时装公会

Chanel 香奈儿
Charney, Dov 多夫·查尼
Chloé 蔻依
Clark, Judith 朱迪思·克拉克
Clark, Larry 拉里·克拉克
Clark, Michael 迈克尔·克拉克
Cocteau, Jean 让·科克托
Collins, Kenneth 肯尼斯·柯林斯
Comme des Garçons CDG
Cranach, Lucas 卢卡斯·克拉纳赫
Crawford, Joan 琼·克劳馥
Cruikshank, George 乔治·克鲁克香克

D

Dali, Salvador 萨尔瓦多·达利
Decarnin, Christoph 克里斯托夫·狄卡宁
Degas, Edgar 埃德加·德加
Demarge, Xavier 格扎维埃·德马尔涅
Demeulemeester, Ann 安·迪穆拉米斯特
Dickens, Charles 查尔斯·狄更斯
Diesel 迪赛
Dior, Christian 克里斯汀·迪奥
Dior Homme 迪奥·桀傲男装
Disney, Walt 华特·迪士尼
DKNY 唐可娜儿
Dudes "时髦男"
Dufy, Raoul 劳尔·杜飞
Dunn, Jourdan 乔丹·邓恩

E

Elbaz, Alber 阿尔伯·艾尔巴茨
Elle《她》
Eloffe, Madame 埃洛弗夫人

Entwistle, Joanne 乔安妮·恩特威斯尔
Epicoene, or The Silent Woman《艾碧辛，或沉默的女人》
Esprit 埃斯普利特
Evans, Caroline 卡罗琳·埃文斯
Evisu 依维斯

F

Fath, Jacques 雅克·法特
Fendi 芬迪
Filene, Edward 爱德华·法林
Foale and Tuffin 福阿莱与图芬
Fops "花花公子"
Ford, Tom 汤姆·福特
Frankel, Susannah 苏珊娜·弗兰克尔
Frissell, Toni 托尼·弗里塞尔

G

Galliano, John 约翰·加利亚诺
Gap 盖璞
Gaultier, Jean-Paul 让-保罗·高缇耶
Ghesquiere, Nicolas 尼古拉斯·盖斯基埃
Gimbel, Sophie 苏菲·金贝尔
Givenchy 纪梵希
Gn, Andrew 安德鲁·鄞
Godley, Andrew 安德鲁·戈德利
Goldin, Louise 路易斯·戈尔丁
Goldin, Nan 南·戈尔丁
Goubard, Madame Marie 玛丽·古博夫人
Goya 戈雅
Grès, Mme 格雷夫人
Gucci 古驰
guerrilla store 游击店

Gupta, Subdodh 苏伯德·古普塔

Gursky, Andreas 安德烈亚斯·古尔斯基

H

H&M 海恩斯莫里斯

Halpert, Joseph 约瑟夫·哈尔珀特

Hamilton, Alan 艾伦·汉密尔顿

Haring, Keith 凯斯·哈林

Hartnell, Norman 诺曼·哈特内尔

Hebdige, Dick 迪克·赫伯迪格

Hepburn, Audrey 奥黛丽·赫本

Hepworth & Son 赫普沃斯公司

Hilliard, Nicholas 尼古拉斯·希利亚德

Holbein, Hans 汉斯·荷尔拜因

Hollander, Anne 安妮·霍兰德

I

I. Miller I. 米勒制鞋

Ilinic, Roksanda 洛克山达·埃琳西克

Inditex 印地纺集团

J

Jacobs, Marc 马克·雅各布

Jaeger, Dr Gustav 古斯塔夫·耶格尔博士

Joffe, Adrian 阿德里安·约菲

Johnson, Betsey 贝齐·约翰逊

Jones, Ann Rosalind 安·罗莎琳德·琼斯

Jones, Inigo 伊尼戈·琼斯

Jonson, Ben 本·琼森

Junior Gaultier 高缇耶童装

K

Kane, Christopher 克里斯托弗·凯恩

Karan, Donna 唐娜·凯伦

Kawakubo, Rei 川久保玲

Kendel Milne, Manchester 曼彻斯特的肯德尔·米尔恩

Kenzo 凯卓

Kershen, Anne 安妮·科尔申

Kidwell, Claudia 克劳迪娅·基德韦尔

Killerby, Catherine Kovesi 凯瑟琳·克韦希·基勒比

Klein, Calvin 卡尔文·克莱恩

Kookai 蔻凯

Koolhaas, Rem 雷姆·库哈斯

Kors, Michael 迈克·高仕

L

Lagerfeld, Karl 卡尔·拉格斐

Lambert, Eleanor 埃莉诺·兰伯特

Lanvin 浪凡

Laurent, Yves Saint 伊夫·圣罗兰

Leipzig 莱比锡

Lelong, Lucien 吕西安·勒隆

Lemire, Beverly 贝弗利·勒米尔

Lepape, Georges 乔治·勒帕普

Leroy, Louis Hyppolite 路易·伊波利特·勒罗伊

Levi Strauss 李维斯

Liberty, Arthur Lasenby 亚瑟·莱森比·利伯蒂

Limnander, Armand 阿曼德·利姆南德尔

Louis Vuitton 路易威登

Louis Vuitton Moët Hennessey 路威酩轩

Lucile 露西尔

Lynn, Todd 托德·林恩

M

MAC 魅可
Macaronis "纨绔子弟"
Madonna 麦当娜
Malign Muses "恶毒的缪斯"
Mamao Verde 马马奥·韦尔德
Margiela, Martin 马丁·马吉拉
Marie Antoinette 玛丽·安托瓦内特
Mashers "花花公子"
Massimo Dutti 麦西姆·杜特
Matisse, Henri 亨利·马蒂斯
Maynard, Margaret 玛格丽特·梅纳德
McCardell, Claire 克莱尔·麦卡德尔
McCartney, Stella 斯特拉·麦卡特尼
McDougall, Dan 丹·麦克杜格尔
McLaren, Malcolm 马尔科姆·麦克
    拉伦
McQueen, Alexander 亚历山大·麦昆
Mendes, Eva 伊娃·门德斯
Miller, Daniel 丹尼尔·米勒
Minogue, Kylie 凯莉·米洛
Miyake, Issey 三宅一生
Mizrahi, Isaac 艾萨克·麦兹拉西
Mods "摩登族"
Monet, Claude 克劳德·莫奈
Montgolfier brothers 孟高尔费兄弟
Moore, Henry 亨利·摩尔
Moore, Julianne 朱莉安·摩尔
Moses, Elias 伊莱亚斯·摩西
Moss, Kate 凯特·莫斯
Mouillard, Madame 穆亚尔德夫人
Mr Fish 费什先生
Muji 无印良品
Mustafa, Hudita Nina 胡迪塔·尼娜·
    穆斯塔法

N

Nagrath, Sumati 须摩提·纳格拉斯
Niessen, Sandra 桑德拉·尼森
Nike 耐克
Noten, Dries Van 德赖斯·范诺顿

O

Oliphant, Margaret 玛格丽特·奥利
    芬特
Olowu, Duro 杜罗·奥罗伍

P

Paquin, Jeanne 让娜·帕坎
People Tree 英国品牌 "人树"
Perkin, William 威廉·珀金
Perrot, Philippe 菲利普·佩罗
Picasso, Pablo 巴勃罗·毕加索
Pierson, Pierre-Louis 皮埃尔-路易·皮
    尔森
Pilati, Stefano 斯特凡诺·皮拉蒂
Pilatte, Charles 查尔斯·皮拉特
Poiret, Paul 保罗·普瓦雷
Poole, Henry 亨利·普尔
'pop-up' shops "快闪" 店
Portman, Natalie 娜塔莉·波特曼
Posen, Zac 扎克·珀森
Primark 普里马克
Prince, Richard 理查德·普林斯
Proenza Schouler 普罗恩萨·施罗
Pucci 璞琪
Pugh, Gareth 加勒斯·普

Q

Quant, Mary 玛丽·奎恩特

R

Rabine, Leslie W. 莱斯利·W. 拉宾

Rappaport, Erika 埃丽卡·拉帕波特

Rawsthorn, Alison 艾莉森·罗斯索恩

Redfern, John 约翰·雷德芬

Reebok 锐步

Reynolds, Joshua 约书亚·雷诺兹

Ribeiro, Aileen 艾琳·里贝罗

Roche, Daniel 丹尼尔·罗什

Rodarte 罗达特

Rowlandson, Thomas 托马斯·罗兰森

Rubens, Peter Paul 彼得·保罗·鲁本斯

Ruby London 鲁比伦敦

S

Sander, Jil 吉尔·桑德

Sargent, John Singer 约翰·辛格尔·萨
金特

Sato, Tomoko 佐藤知子

Schapiro, Raphael 拉斐尔·夏皮罗

Schiaparelli, Elsa 艾尔莎·夏帕瑞丽

Schwab, Marios 马里奥斯·施瓦布

Settle, Alison 艾莉森·赛特尔

Shand, Dennis 丹尼斯·尚德

Shaver, Dorothy 多萝西·谢弗

Sherard, Michael 迈克尔·谢拉德

Sherman, Cindy 辛迪·雪曼

Shirley, Robert 罗伯特·舍利

Simons, Raf 拉夫·西蒙

Slimane, Hedi 艾迪·斯里曼

Smith, Woodruff D. 伍德拉夫·D. 史
密斯

Smollet, Tobias 托拜厄斯·斯摩莱特

Snow, Carmel 卡梅尔·斯诺

Spectres: When Fashion Turns Back "魅
影：时装回眸"

Stallybrass, Peter 彼得·斯塔利布拉斯

Stefani, Gwen 格温·史蒂芬妮

Stepanova, Vavara 瓦瓦拉·史蒂潘
诺娃

Stiebel, Victor 维克多·斯蒂贝尔

Styles, John 约翰·斯戴尔斯

Swanson, Carl 卡尔·斯旺森

Swarovski 施华洛世奇

Swatch 斯沃琪

Swells "时髦人士"

Sy, Oumou 乌穆·西

T

Tanaami, Keiichi 田名网敬一

Teddy Boys "不良少年"

Teunissen, José 乔斯·突尼辛

Thomas, Dana 达娜·托马斯

Titian 提香

Toledo, Ruben 鲁本·托莱多

Townley 汤利制衣

Train, Susan 苏珊·特雷恩

Triangle Shirtwaist Factory 纽约三角
大楼制衣厂

Troy, Nancy 南希·特洛伊

V

Valentina 华伦蒂娜

Valentino 华伦天奴

Van Dyck, Anthony 安东尼·凡·戴克

Venice 威尼斯

Versace 范思哲

Victorine 维多琳

Viktor and Rolf 维果罗夫（维克多与罗
尔夫）

vintage 古着

Vionnet, Madeleine 玛德琳·维奥内

Vittu, Françoise Tetart 弗朗索瓦丝·泰尔塔·维蒂

W

Waist Down: Miuccia Prada, Art and Creativity "腰肢以下：缪西娅·普拉达、艺术与创造力"

Warhol, Andy 安迪·沃霍尔

Warsaw 华沙

Watanabe, Toshio 渡边俊夫

Westwood, Vivienne 薇薇恩·韦斯特伍德

Williams, Beryl 贝丽尔·威廉姆斯

Williamson, Matthew 马修·威廉姆森

Wilson, Elizabeth 伊丽莎白·威尔逊

Winterhalter 温特哈尔特

Wolf, Jaime 杰米·沃尔夫

Wollen, Peter 彼得·沃伦

Worth, Charles Frederick 查尔斯·弗雷德里克·沃思

Wortley-Montague, Lady Mary 玛丽·沃特利-蒙塔古夫人

X

XULY Bët 克叙里·比约特

Y

Yamamoto, Yohji 山本耀司

Z

Zara 飒拉

Zara Home 飒拉家居

参考文献

引言

Arnold, Janet, *Patterns of Fashion: The Cut and Construction of Clothes* (Drama Book Publishers, 2008).

Arnold, Rebecca, *The American Look: Fashion, Sportswear and the Image of Women in 1930s and 1940s New York* (I. B. Tauris, 2009).

Barthes, Roland, *The Language of Fashion* (Berg, 2006).

—— *The Fashion System* (Jonathan Cape, 1985).

Breward, Christopher, *The Hidden Consumer: Masculinities, Fashion and City Life, 1860–1914* (Manchester University Press, 1999).

Entwistle, Joanne, *The Fashioned Body: Fashion, Dress and Modern Social Theory* (Polity Press, 2000).

Evans, Caroline, *Fashion at the Edge: Spectacle, Modernity and Deathliness* (Yale, 2007).

Hollander, Anne, *Seeing through Clothes* (University of California Press, 1993).

Lemire, Beverly, *Dress, Culture and Commerce* (Palgrave Macmillan, 1997).

Miller, Danny and Mukulika Banerjee, *The Sari* (Berg, 2003).

Ribeiro, Aileen, *Fashion and Fiction: Dress in Art and Literature in Stuart Britain* (Yale, 2005).

Wilson, Elizabeth, *Adorned in Dreams: Fashion and Modernity* (I. B. Tauris, 2003).

第一章 设计师

Baillén, Claude, *Chanel Solitaire* (Collins, 1973), p. 69.

Beaton, Cecil, *The Glass of Fashion* (Cassell, 1989), p. 8.

Carter, Ernestine, 'Gabrielle "Coco" Chanel, 1883–1971: Magic of Self', in *Magic Names of Fashion* (Weidenfeld and Nicholson, 1980), pp. 52–66.

Dickens, Charles, *All the Year Round* (London, February 1863), quoted in Elizabeth Ann Coleman, *The Opulent Era: Fashion of Worth, Doucet and Pingat* (Thames and Hudson, 1989), p. 15.

Frankel, Susannah, *Visionaries: Interviews with Designers* (V&A Publications, 2001), pp. 34–35.

Rawsthorn, Alice, *Yves Saint Laurent: A Biography* (HarperCollins, 1996), p. 90.

Settle, Alison, *Clothes Line* (Methuen, 1937), p. 4.

Tetart-Vittu, Françoise, 'The French-English Go-Between: "*Le Modèle de Paris*" or the Beginning of the Designer, 1820–1880', in *Costume*, no. 26 (1992), pp. 40–45.

Williams, Beryl, *Young Faces in Fashion* (J. B. Lippincott, 1956), p. 145.

第二章 艺术

Apraxine, Pierre and Xavier Demarge, '*La Divine Comtesse*': *Photographs of the Comtesse de Castiglione* (Yale University Press, 2000), p. 13.

Hollander, Anne, *Seeing through Clothes* (University of California Press, 1993), p. xi.

Oliphant, Margaret, *Dress* (London, 1878), p. 4.

Ribeiro, Aileen, 'Fashion and Whistler', in Margaret F. MacDonald, Susan Grace Galassi, and Aileen Ribeiro, *Whistler, Women and Fashion* (The Frick Collection and Yale University Press, 2003), p. 19.

Stepanova, Vavara, 'Tasks of the Artist in Textile Production', in S. Novoer (ed.), *The Future is Our Only Goal*, p. 191, quoted in Radu Stern, *Against Fashion: Clothing as Art, 1850–1930* (MIT Press, 2004), p. 55.

Swanson, Carl, 'The Prada Armada', *New York Times Magazine* (16 April 2006).

Troy, Nancy, *Couture Culture: A Study in Modern Art and Fashion* (MIT Press, 2003), p. 7.

Warhol, Andy, *The Philosophy of Andy Warhol (From A to B and Back Again)* (Harcourt Brace and Company, 1977), p. 92.

Wollen, Peter, 'Addressing the Century', in Peter Wollen (ed.), *Addressing the Century: 100 Years of Art and Fashion* (Hayward Gallery Publishing, 1998), p. 16.

第三章 产业

Agins, Teri, *The End of Fashion: The Mass Marketing of the Clothing Business* (William Morrow, 1999), p. 5.

Godley, Andrew, 'The Emergence of Mass Production in the UK Clothing Industry', pp. 8–25, in I. Taplin and J. Winterton (eds.), *Restructuring in a Labour Intensive Industry: The UK Clothing Industry in Transition* (Avebury, 1996), p. 12.

Godley, Andrew, Anne Kershen, and Raphael Schapiro, 'Fashion and its Impact on the Economic Development of London's East End Womenswear Industry, 1929–1962: The Case of Ellis and Goldstein', *Textile History*, vol. 34, no. 2 (November 2003), pp. 214–220.

Kidwell, Claudia and Margaret C. Christman, *Suiting Everyone: The Democratization of Clothing in America* (Smithsonian Institution, 1974), p. 39.

Lemire, Beverley, *Dress, Commerce and Culture: The English Clothing Trade before the Factory, 1660–1800* (Macmillan, 1997), pp. 122–124.

Moses, Elias, *The Growth of an Important Branch of British Industry: The Ready-Made Clothing System* (London: 1860), pp. 4–5.

Perrot, Philippe, *Fashioning the Bourgeoisie: A History of Clothing in the Nineteenth Century* (Princeton University Press, 1994), p. 54.

第四章 购物

http://www.doverstreetmarket.com

Benson, Susan Porter, *Counter Cultures: Saleswomen, Managers, and Customers in American Department Stores, 1890–1940* (University of Illinois Press, 1988), p. 76.

Collins, Kenneth, speaking to the Fashion Group, New York, 13 September 1938, Box 73, File 2, Fashion Group Archives, New York Public Library.

Quant, Mary, *Quant by Quant* (Cassell, 1966), p. 43.

Rappaport, Erika, *Shopping for Pleasure: Women in the Making of London's West End* (Princeton University Press, 2000), p. 5.

Roche, Daniel, *A History of Everyday Things: The Birth of Consumption in France, 1600-1800* (Cambridge University Press, 2000), p. 213.

Smith, Woodruff D., *Consumption and the Making of Respectability, 1600-1800* (Routledge, 2002), pp. 44 –51.

Thomas, Dana, *Deluxe: How Luxury Lost its Lustre* (Allen Lane, 2007), p. 300.

第五章　道德

Arletty, quoted in 'Pour ou Contre les Pantalonnées', *L'Œuvre* (7 February 1942), cited in Dominique Veillon, *Fashion under the Occupation* (Berg, 2002), p. 127.

Cho, Margaret, quoted in Michael Slezak, 'Margaret Cho's Not Laughing About Gwen's Harajuku Girls', *Entertainment Weekly*, http://www.ew.com (2 November 2005).

Dunn, Jourdan, quoted in Elizabeth Day, 'How Racism Stalked the London Catwalk', *The Observer* (17 February 2008).

Jonson, Ben, *Epicoene or The Silent Woman*, ed. Roger Holdsworth (A&C Black, 1999), p. 100.

Killerby, Catherine Kovesi, *Sumptuary Law in Italy, 1200-1500* (Clarendon Press, 2002), p. 7.

Limnander, Armand, 'Slow Fashion', *The New York Times* (16 September 2007).

McDougall, Dan, 'The Hidden Face of Primark Fashion', *The Observer* (22 October 2008).

Spectator 49, quoted in Erin Mackie, *Market à la Mode: Fashion, Commodity and Gender in The Tatler and The Spectator* (John Hopkins University Press, 1997), p. 174.

Stitzel, Judd, *Fashioning Socialism: Clothing, Politics and Consumer Culture in East Germany* (Berg, 2005), p. 3.

Wolf, Jaime, 'And You Thought Abercrombie and Fitch Was Pushing It?', *The New York Times* (23 April 2006).

第六章　全球化

Armstrong, Lisa, 'A Little Local Colour Goes a Long Way', *The Times* (16 February 2006).

Asome, Caroline and Alan Hamilton, 'Former Duckling Grows into Swan of Global Fashion', *The Times* (15 February 2005).

Belfanti, Carlo Marco, 'Was Fashion a European Invention?', in *Journal of Global History*, no. 3 (2008), pp. 419–443.

Jones, Ann Rosalind and Peter Stallybrass, *Renaissance Clothing and the Materials of Memory* (Cambridge University Press, 2001), p. 57.

Maynard, Margaret, *Dress and Globalisation* (Manchester University Press, 2004), pp. 2–5.

Miyake, Issey, quoted in Mark Holborn, *Issey Miyake* (Taschen, 1995), p. 16.

Mustafa, Hudita Nina, 'La Mode Dakaroise: Elegance, Transnationalism and an African Fashion Capital', in Christopher Breward and David Gilbert (eds.), *Fashion's World Cities* (Berg, 2006), pp. 177–200.

Nagrath, Sumati, 'Local Roots of Global Ambitions: A Look at the Role of the India Fashion Week in the Development of the Indian Fashion Industry', in Jan Brand and José Teunissen (eds.), *Global Fashion, Local Tradition: On the Globalisation of Fashion* (Terra, 2005), p. 49.

Neissen, Sandra, 'The Prism of Fashion: Temptation, Resistance and Trade', in Jan Brand and José Teunissen (eds.), *Global Fashion, Local Tradition: On the Globalisation of Fashion* (Terra, 2005), p. 165.

Rabine, Leslie W., *The Global Circulation of African Fashion* (Berg, 2002), p. 3.

Ribeiro, Aileen, *Dress in Eighteenth Century Europe, 1715–1789* (Batsford, 1984), pp. 169–170.

Sato, Tomoko and Toshio Watanabe, 'The Aesthetic Dialogue Examined: Japan and Britain, 1850–1930', in Tomoko Sato and Toshio Watanabe (eds.), *Japan and Britain: An Aesthetic Dialogue, 1850–1930* (Lund Humphries, 1991), pp. 38–40.

Styles, John, 'Tudor and Stuart Britain, 1500–1714: What was New?', in Michael Snodin and John Styles (eds.), *Design and the Decorative Arts: Britain 1500–1900* (V&A Publications, 2001), p. 136.

Teunissen, José, 'Global Fashion/Local Tradition: On the Globalisation of Fashion', in Jan Brand and José Teunissen (eds.), *Global Fashion/Local Tradition: On the Globalisation of Fashion* (Terra, 2005), p. 11.

Vicente, Marta V., *Clothing the Spanish Empire: Families and the Calico Trade in the Early Modern Atlantic World* (Palgrave Macmillan, 2006), pp. 65–66.

扩展阅读

引言

Breward, Christopher, *The Culture of Fashion: A New History of Fashionable Dress* (Manchester University Press, 1995).

Bruzzi, Stella and Pamela Church Gibson, *Fashion Cultures: Theories, Explorations and Analysis* (Routledge, 2000).

Jarvis, Anthea, *Methodology* Special Issue, *Fashion Theory: The Journal of Dress, Body and Culture*, vol. 2, issue 4 (November 1998).

Kawamura, Yuniya, *Fashion-ology: An Introduction to Fashion Studies* (Berg, 2004).

Kaiser, Susan, *Social Psychology of Clothing: Symbolic Appearances in Context* (Fairchild, 2002).

Purdy, Daniel Leonhard (ed.), *The Rise of Fashion: A Reader* (University of Minnesota Press, 2004).

第一章　设计师

Aoiki, Shoichi, *Fresh Fruits* (Phaidon, 2005).

Kawamura, Yuniya, *The Japanese Revolution in Paris Fashion* (Berg, 2004).

Muggleton, David, *Inside Subculture:The Postmodern Meaning of Style* (Berg, 2000).

Seeling, Charlotte, *Fashion: The Century of Designers, 1900–1999* (Konemann, 2000).

Steele, Valerie and John Major, *China Chic: East Meets West* (Yale, 1999).

第二章　艺术

Francis, Mark and Margery King, *The Warhol Look: Glamour, Style, Fashion* (Little, Brown and Company, 1997).

Martin, Richard, *Fashion and Surrealism* (Thames and Hudson, 1989).

Radford, Robert, 'Dangerous Liaisons: Art, Fashion and Individualism', in *Fashion Theory: The Journal of Dress, Body and Culture*, vol. 2, issue 2 (June 1998).

Ribeiro, Aileen, *The Art of Dress: Fashion in England and France, 1750–1820* (Yale, 1995).

Townsend, Chris, *Rapture: Art's Seduction by Fashion since 1970* (Thames and Hudson, 2002).

Winkel, Marieke de, *Fashion and Fancy: Dress and Meaning in Rembrandt's Painting* (Amsterdam University Press, 2006).

第三章　产业

Gereffi, Gary, David Spencer, and Jennifer Bair (eds.), *Free Trade and Uneven Development: The North American Apparel Industry after NAFTA* (Temple University Press, 2002).

Green, Nancy, *Ready-to-Wear, Ready-to-Work: A Century of Industry and Immigrants in Paris and New York* (Duke University Press, 1997).

Jobling, Paul, *Fashion Spreads: Word and Image in Fashion Photography since 1980* (Berg, 1999).

McRobbie, Angela, *British Fashion Design: Rag Trade or Image Industry?* (Routledge, 1998).

Phizacklea, Annie, *Unpacking the Fashion Industry: Gender, Racism and Class in Production* (Routledge, 1990).

Tulloch, Carol (ed.), *Fashion Photography*, Special Edition of *Fashion Theory: Journal of Dress, Body and Culture*, vol. 6, issue 1 (February 2002).

第四章　购物

Benson, John and Laura Ugolini, *Cultures of Selling: Perspectives on Consumption and Society since 1700* (Ashgate, 2006).

Berg, Maxine and Helen Clifford (eds.), *Consumers and Luxury: Consumer Culture in Europe, 1650–1850* (Manchester University Press, 1999).

Lancaster, Bill, *The Department Store: A Social History* (Leicester University Press, 1995).

Leach, William, *Land of Desire: Merchants, Power and the Rise of a New American Culture* (Vintage, 1993).

Richardson, Catherine (ed.), *Clothing Culture, 1350–1650* (Ashgate, 2004).

Shields, Rob, *Lifestyle Shopping: The Subject of Consumption* (Routledge, 1992).

Worth, Rachel, *Fashion for the People: A History of Clothing at Marks and Spencer* (Berg, 2007).

第五章　道德

Arnold, Rebecca, *Fashion, Desire and Anxiety: Image and Morality in the Twentieth Century* (I. B. Tauris, 2001).

Black, Sandy, *Eco-Chic: The Fashion Paradox* (Black Dog, 2008).

Guenther, Irene, *Nazi Chic: Fashioning Women in the Third Reich* (Berg, 2005).

Ribeiro, Aileen, *Dress and Morality* (Berg, 2003).

Ross, Andrew (ed.), *No Sweat: Fashion, Free Trade and the Rights of Garment Workers* (Verso, 1997).

第六章　全球化

Bhachu, Parminder, *Dangerous Designs: Asian Women Fashion the Diaspora Economies* (Routledge, 2004).

Clark, Hazel and Eugenia Paulicelli (eds.), *The Fabric of Cultures: Fashion, Identity, Globalization* (Routledge, 2008).

Eicher, Joanne B. (ed.), *Dress and Ethnicity: Change across Space and Time* (Berg, 1999).

Kuchler, Susanne and Danny Miller, *Clothing as Material Culture* (Berg, 2005).

Niessen, Sandra, Ann Marie Leshkowich, and Carla Jones (eds.), *Re-Orienting Fashion* (Berg, 2003).